日本大空爆

米軍戦略爆撃の全貌

松本泉
Matsumoto Izumi

さくら舎

目次◆日本大空爆——米軍戦略爆撃の全貌

第2章　神戸、阪神が燃えた日　1945年3〜8月

第3章　故郷が燃えた日　1945年1〜8月

第4章 敗戦の陰で 1945年8〜12月

2 警察官と教師、戦時下の心情　12月5日　和歌山市

日本大空爆

——米軍戦略爆撃の全貌

序章　本土空襲——民間人を狙った空爆の実態

米国戦略爆撃調査団——敗戦直後、空爆を徹底検証

「原爆を投下しなくても日本は無条件降伏した」

日本が太平洋戦争に敗れてからまだ間もない頃に、米国の調査団がこのような結論を出していたことを私が知ったのは、20年以上も前のことだった。

米軍の原爆投下と日本の敗戦の関係はさまざまな論争を引き起こしていたことは知っていたが、米国側の科学的な調査と分析によって「原爆不要論」が出ていたことを初めて知った。

調査と分析をおこなったのは、米国戦略爆撃調査団（United States Strategic Bombing Survey：略称USSBS（ウズブーズ））だった。最終報告書は１９４６年にまとめられており、多くの人の目に触れたにちがいない。多数の研究者がこの報告書を資料として太平洋戦争を検証している。

しかし、米国では「原爆投下がなかったら日本の降伏までにさらに時間がかかり、莫大（ばくだい）な米兵の生命が奪われた」との見方が強く、一般市民にあまり知られることがなかった。

一方の日本では、この調査団の存在自体がほとんど知られていない。「原爆不要論」も知る人ぞ知るという程度で、戦後の長い時間が過ぎ去ってしまった。

米国戦略爆撃調査団は原爆投下の効果だけを調べたのではない。原爆を含めた日本本土空爆の効果を科学的に検証することが主目的だった。

日米戦における米軍の本土空爆は日本の降伏にどのような影響を与えたのか。

日本がポツダム宣言の受諾を決めるやいなや、米国は徹底的な調査をはじめた。爆撃の跡も生々しく、日本人が敗戦の虚脱状態にあるなか、約4ヵ月間におよぶ調査で敗戦国・日本は文字どおり丸裸にされた。

そして導き出された結論の一つが次のようなものだった。

「制空権の保持によって、たとえ原子爆弾の投下をおこなわなくても、ソ連が参戦しなくても、本土に直接上陸しなくても、1945年12月31日までに日本を無条件降伏させることができたことは明瞭である」

戦略爆撃調査団は最終報告書を作成するために、米軍資料に加え、敗戦直後の日本で大量の資料を収集している。日本の軍部と政府は戦時中の文書を徹底的に焼いてしまっていたため、わずかに残っていた文書をもとに聞き取り調査を駆使して集められたものばかりだ。

資料を一つひとつ見ていくと、本土空爆の真相を覆(おお)っていた殻(から)が少しずつはがれていくような気分になる。米国戦略爆撃調査団文書と呼ばれるこれらの資料の多くは戦後長いあいだ機密扱いとなり、1979年にようやくすべてが公開されたが、本格的な調査や分析は進んでいない。

50万人以上の日本人が犠牲(ぎせい)になったといわれている本土空爆の真相解明のカギが、米国の公文書にしか残っていないのはじつに嘆(なげ)かわしいことだといわざるをえない。

日本が「精神論」と「メンツ」で太平洋戦争を戦ったのに対し、米国は「科学」と「検証」で戦ったのだと実感させられた。

一般市民を標的にした「戦略爆撃」

「戦略爆撃」とは、敵の軍事目標を直接攻撃するのではなく、産業施設や交通網、政治・経済の中枢（ちゅうすう）機関などを標的に、一般市民を巻き込み、長距離爆撃機で破壊し、敵の戦争継続能力を奪い、国民の戦意を打ち砕（くだ）くことを目的とする。

近代になって、戦争が国家の総力戦となり、長距離飛行が可能な爆撃機が開発されたことから、第一次世界大戦末期に導入された。第二次世界大戦では、戦争の帰趨（きすう）を決めるものとして本格的におこなわれるようになった。

戦場で消耗戦を繰り広げて戦死者をむやみに増やすのではなく、戦場への兵器や物資の供給にくさびを打ち、銃後の戦意を喪失（そうしつ）させることで早期に戦争終結をはかることができると考えられた。

しかし現実はストーリーどおりに進まず、非戦闘員に膨大（ぼうだい）な犠牲を強（し）いることになってしまった。

多くの市民が犠牲になった無差別爆撃としては、ドイツ空軍のスペイン・ゲルニカへの爆撃や、日本軍の中国・重慶（じゅうけい）への爆撃が知られている。軍事施設も軍需工場も住宅地も区別することなく相手国の都市を爆撃するため被害が甚大になってしまうことが、戦略爆撃の負の側面として指摘される。

日本本土空爆も無差別爆撃だったといわれている。しかし、米軍の資料を詳細にたどっていくと、じつは綿密に計画され、標的を明確にした爆撃だったのではないか。その可能性が高い。検証が必要だ。

敵国に攻め込んでの地上戦に踏み込むことなく戦略爆撃だけで敵を屈服（くっぷく）させることができるのかというのは、第二次大戦中の各国の課題となった。

米国はドイツの敗色が濃くなった1944年11月に戦略爆撃調査団を設立した。ドイツに対する米軍の爆撃の効果を専門的に調査し、そこから得た結果を日本本土に対する空爆に応用しようとした。もちろん、将来の米空軍の整備計画の基礎的なデータとすることも大切な目的だった。

ドイツへの調査結果は200にもおよぶ報告書にまとめられたが、対日戦への応用を検討する間もなく、日本は降伏してしまう。対独戦と対日戦では戦略爆撃の様相が大きく違っていた。ドイツは大陸を戦場としたのに対し、日本は太平洋という海洋を主舞台にしており、対独戦の検証結果がそのまま対日戦に当てはまるわけではなかった。

玉音放送が流れ、敗戦を伝えられた日本人が涙を流し、呆然（ぼうぜん）としていた1945年8月15日、トルーマン米大統領は戦略爆撃調査団に対し、対日戦の調査を指示した。マッカーサー将軍が神奈川県の厚木飛行場に初めて降り立った頃には、すでに調査団の人員が決まっていた。

日本では軍の庁舎や役所の裏庭で、書類を焼く煙が上がりつづけていた頃だ。そのすばやい対応に驚くばかり。「勝って甲の緒を締めよ」ではないが、「勝利した戦争を科学的に検証する」という米国の姿勢に感心してしまう。

1000人態勢で全国4000人超を調査

日本に対する米国戦略爆撃調査団の幹部10人はすべて民間人だった。団長のフランクリン・ドーリエは保険会社の社長。「軍人」の視点ではなく「科学者」「民間人」の視点から、日本本土空爆を客観的かつ冷静に検証しようとの方針がうかがえる。

最終報告書のなかでも調査団の役割についてこのように記している。

「太平洋戦争史を編集することでも、連合軍の各国軍の功績を割り当てることでもなかった。収集された資料を分析し、将来への一般的考察を提示することだった」

調査団員の総勢は1150人。内訳は民間人300人、陸海軍将兵850人で、実際に調査にたずさわる調査団員は米国の将兵たちだった。

調査団には長年にわたり日本研究をつづけている研究者や社会科学の専門家が多数含まれていたが、対日戦で心理作戦などに従事して、日本軍や日本人をよく知る将兵が中心だったことはいうまでもない。敗戦直後の日本は焼け野原が広がる混乱状態だっただけに、米陸海軍が補給や輸送などを全面的に支援した。

本部は東京に置き、大阪と名古屋、原爆が投下された広島と長崎にそれぞれ支部を設けた。その他の都市や地域には機動班を置いて、迅速に調査を進める態勢をつくっている。

調査期間は、先遣隊が上陸した１９４５年９月４日から12月末までのわずか４ヵ月間。翌１９４６年１月からは調査収集した膨大な資料を分析し、７月までに総計１０８巻の最終報告書を作成した。戦争終結から１年足らずで日本への空爆は調べ尽くされた。


調査の柱は二つあった。

一つは戦時中の資料を提出させて入手すること。

UNITED STATES
STRATEGIC BOMBING SURVEY

SUMMARY REPORT
(Pacific War)

CHAIRMAN'S OFFICE
WASHINGTON, D. C.
1 JULY 1946

図版０－１　米国戦略爆撃調査団の報告書表紙

もう一つは尋問や聞き取り。

資料の入手はすぐに行き詰まった。日本側にまともな資料がほとんど残っていなかったからだ。調査員は「信頼できる資料は何一つ残っていない」「日本人には調査するとか記録するという考えがまったくない。信じられない」と驚いたようだ。

敗戦直後の日本人の書類の焼却処分は徹底していた。戦勝国による制裁を恐れただけなのか、もともと文書に残して歴史を記録し後世の検証に自らの評価をゆだねるという文化が希薄なのか。いずれにしても、かろうじて残存している資料を関係者の尋問や聞き取りで補強する以外に方法はなかった。

尋問はさまざまな方面におよんだ。陸海軍の上級将校、政府要人、中央官庁から都道府県、市町村にいたるまでの役人、企業経営者、国会議員、地方議員、各種団体の役員……。１９４５年９月から４ヵ月間で約７００人を尋問した。加えて、11月から２ヵ月間で一般市民約３５００人からの聞き取り調査もおこなった。

官も民も徹底的に書類を焼いてしまったせいで、日本国内から戦時中の資料がほとんど消えてしまった。のちに社会が落ち着いて、自治体も企業も各種団体も自らの戦時中の歴史を振り返りまとめようとしたが、その基礎となる資料が何も残っていなかった。

結局、頼りにされたのは戦略爆撃調査団がまとめた報告書であり、残した資料だった。現在、誰もが知っているような大企業や団体の年史の戦時中の記述は、多くの部分で戦略爆撃調査団の資料を下敷きにしていることはあまり知られていない。

爆撃の効果を多角的に分析

戦略爆撃調査団には大きく分けて三つのグループがあった。

・軍事部門

・経済部門

・民間部門

軍事部門は、日米両軍の航空兵力について調査し、その運用と効果、物理的損害について分析することが目的だった。航空作戦を個別に検証したほか、海軍については機雷（きらい）敷設や艦砲（かんぽう）射撃も戦略爆撃の一環として調査対象とした。

日本本土空爆をめぐっては、広島、長崎への原子爆弾投下の効果のほか、焼夷（しょうい）弾、パンプキン爆弾（原爆投下訓練用のいわゆる模擬（もぎ）原爆）、2トン爆弾、1トン爆弾、500キロ爆弾、250キロ爆弾について、空爆した都市や軍需工場などを何ヵ所か抽出（ちゅうしゅつ）し、その具体的な物理的被害と空爆の効果を検証している。

経済部門は、日本の戦時経済における工業生産や労働力などにメスを入れ、戦略爆撃が与えた影響を検証した。航空機や兵器生産のほか、石炭、造船、電力、石油化学などの分野別に調査している。

戦時経済を支えた工業都市圏にスポットを当て、空爆が都市経済に与えた影響も分析している。京浜地区、京阪神地区、中京地区と広島市、長崎市について本土空爆による効果を検証した。

民間部門では、民間人の防空体制や一般市民の戦意をテーマにした。東京、京都、大阪、神戸、広島、長崎の6地区の民間防空体制を報告書にまとめた。また、米側の原爆の影響調査は原爆傷害調査委員会（ＡＢＣＣ）の医学・生理学面からの調査が知られているが、戦略爆撃調査団も医学・保健学の見地から広島市と長崎市で原爆の効果について調べた。

また一般市民の戦争に対する意識の変化を重要視したことから、全国約3500人の直接面談による聞き取り調査を実施した。空襲が市民の戦意にどのような影響を与え、厭戦気分を広げ、軍部や政府への揺さぶりとなったのかを心理学的、社会学的なアプローチで迫ろうとした。

3部門がそれぞれの知見から戦略爆撃の効果を導き出すことで、米軍の日本本土空爆の全体像が見えてくる。そしてその膨大な資料の山から、いままで明らかになっていない真相も浮き彫りになってくる。

空爆の緻密さを示す詳細な米軍データ

戦略爆撃調査団は日本本土空爆を検証するにあたり、米軍の陸軍航空隊や海軍航空隊、情報機関などからさまざまなデータを集めている。B29爆撃機による空爆の指令書や空爆作戦ごとに作成された報告書のほかに、航空母艦艦載機の戦闘報告や日本国内の空襲目標情報など、当時は「機密」「極秘」扱いになっていたものばかりだ。

文書の一枚一枚を丹念に見ていくと、米軍がいかに緻密に、そして効率的に空爆を実行していたかがわかる。空爆が与えた損害の状況を確認するために、空爆作戦の終了後にB29をわざわざ飛ばして地上を空撮した。その写真に写し出された地上の状況を細かく分析している。

代表的なものをいくつか挙げてみよう。

〈作戦任務報告書〉（Tactical Mission Report）

日本本土空爆の作戦ごとに番号をつけて、空爆の概略、出撃機数、搭載爆弾・焼夷弾量、天候、敵の迎撃や対空砲火、損害状況などをまとめた報告書。地図や空撮写真なども含まれていて、Ｂ29爆撃機の本土空爆を見ていくうえで重要な基礎的データとなる。

〈任務要約〉（Mission Summary）

都市を空爆した直後に作成した文書。作戦の概要を一枚にまとめたもので、実施日時、目標都市名、参加した飛行団名、出撃機数、実際の攻撃機数、使用した焼夷弾・爆弾と信管、焼夷弾・爆弾の投下量、投下した高度、攻撃時の雲量などを記している。

最後に「任務履歴」という項目があり、上空から確認した地上の被害程度や日本軍機の迎撃、対空砲火の程度、味方の被害、消費した燃料量などをまとめている。詳細は前述の〈作戦任務報告書〉として後日まとめられるため、さしずめ「速報」のようなメモ的な報告といえる。

〈空襲損害評価報告書〉（Damage Assessment Report）

空爆直後の航空写真の分析によって、都市や軍事施設、軍需工場などの被害状況を判定した報告書。都市であれば焼失面積や標的施設の被害割合、個別の施設や工場について損害を詳細に判定し、爆撃効果を評価した。

〈攻撃報告書〉（Strike Attack Report）

空爆直後に攻撃部隊が作成した速報。正確性には欠けるが、実際の空爆が当初の計画どおりにおこなわれたのか、計画と食い違いがあったのかなど、生々しいデータが含まれていることが多い。

〈限定損害解説書〉（Limited Damage Interpretation）

軍事施設や軍需工場などの建屋（たてや）に与えた損害を1棟（とう）ずつ判定し、その被害状況を分析している。次の空爆時に、どこへ、どのような爆弾を投下するのが効果的かを判断するのに使ったようだ。

〈機能分析報告書〉（Functional Analysis Report）

軍需工場や発電所などの重要施設について、場所や施設の役割、使用状況、建屋ごとの構造・材質などを航空写真や平面図を交えてまとめた。

〈攻撃目標情報票〉（Target Information Sheet）

攻撃目標の施設の概要をまとめたもので、地図や航空写真、戦前に地上から撮影したとみられる写真も添付されている。

1945年3月14日未明の大阪大空襲についての米軍資料
図版0－2　空爆についてまとめた〈作戦任務報告書〉の表紙
図版0－3　空爆直後に作成される「速報」のような〈任務要約〉。箇条書きで１枚にまとめられている
図版0－4　空爆後の18日に上空から撮影した写真をもとに、22日にまとめられた〈空襲損害評価報告書〉

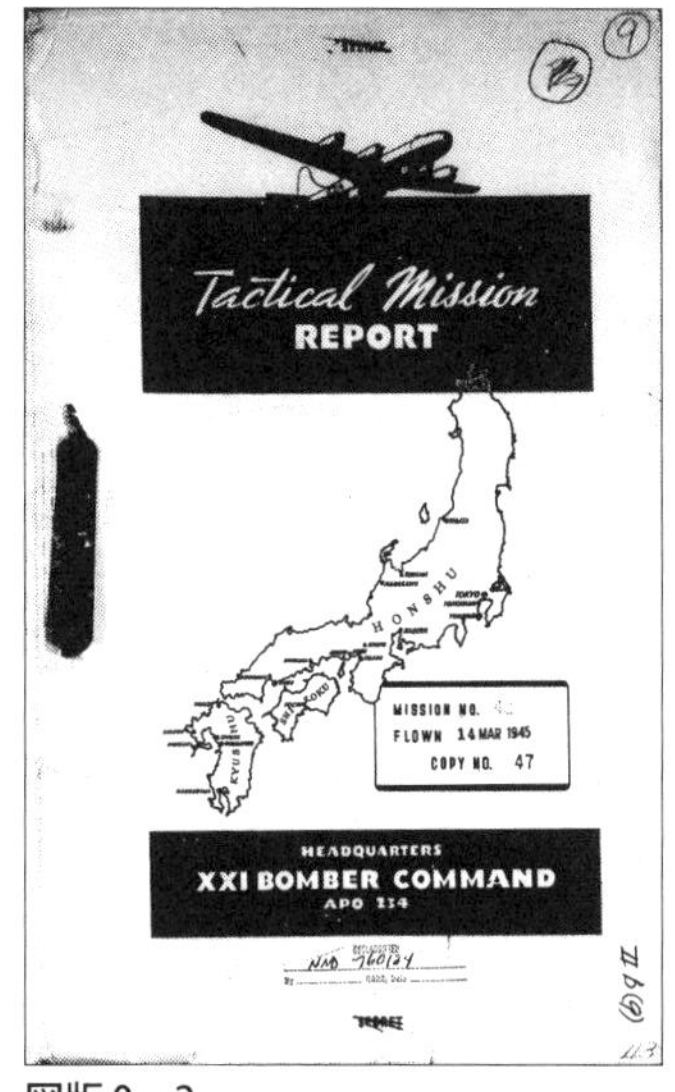

図版0－2

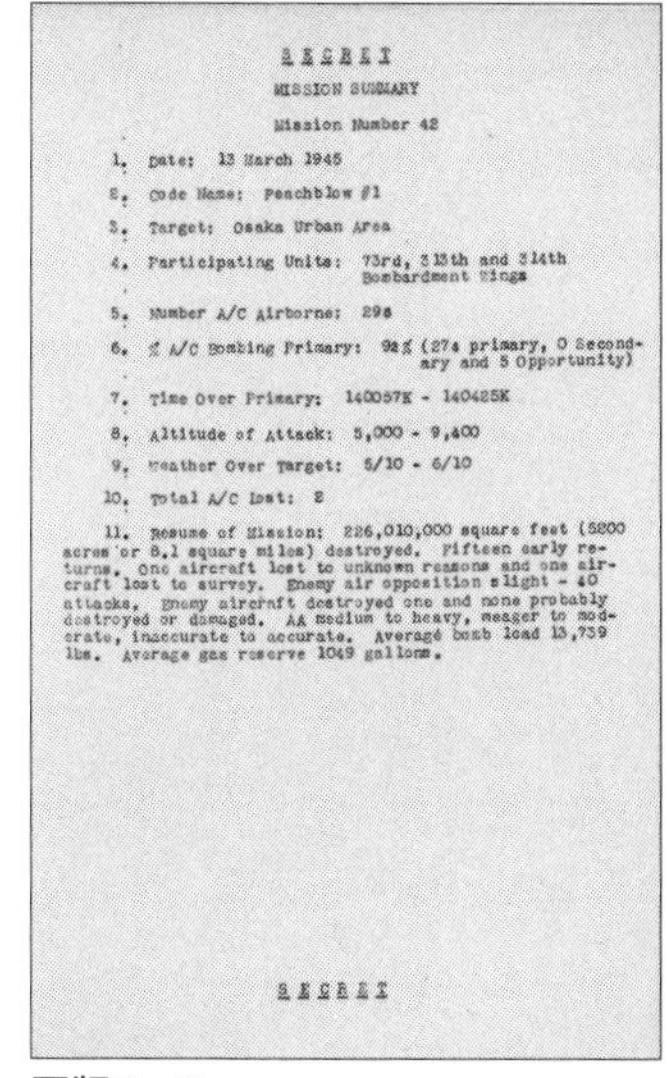

SECRET

MISSION SUMMARY

Mission Number 42

1. Date: 13 March 1945
2. Code Name: Peachblow #1
3. Target: Osaka Urban Area
4. Participating Units: 73rd, 313th and 314th Bombardment Wings
5. Number A/C Airborne: 298
6. % A/C Bombing Primary: 92% (274 primary, 0 Secondary and 5 Opportunity)
7. Time Over Primary: 140057K - 140425K
8. Altitude of Attack: 5,000 - 9,400
9. Weather Over Target: 5/10 - 6/10
10. Total A/C Lost: 2
11. Resume of Mission: 226,010,000 square feet (5200 acres or 8.1 square miles) destroyed. Fifteen early returns. One aircraft lost to unknown reasons and one aircraft lost to survey. Enemy air opposition slight - 40 attacks, Enemy aircraft destroyed one and none probably destroyed or damaged. AA medium to heavy, meager to moderate, inaccurate to accurate. Average bomb load 13,739 lbs. Average gas reserve 1049 gallons.

SECRET

図版0－3

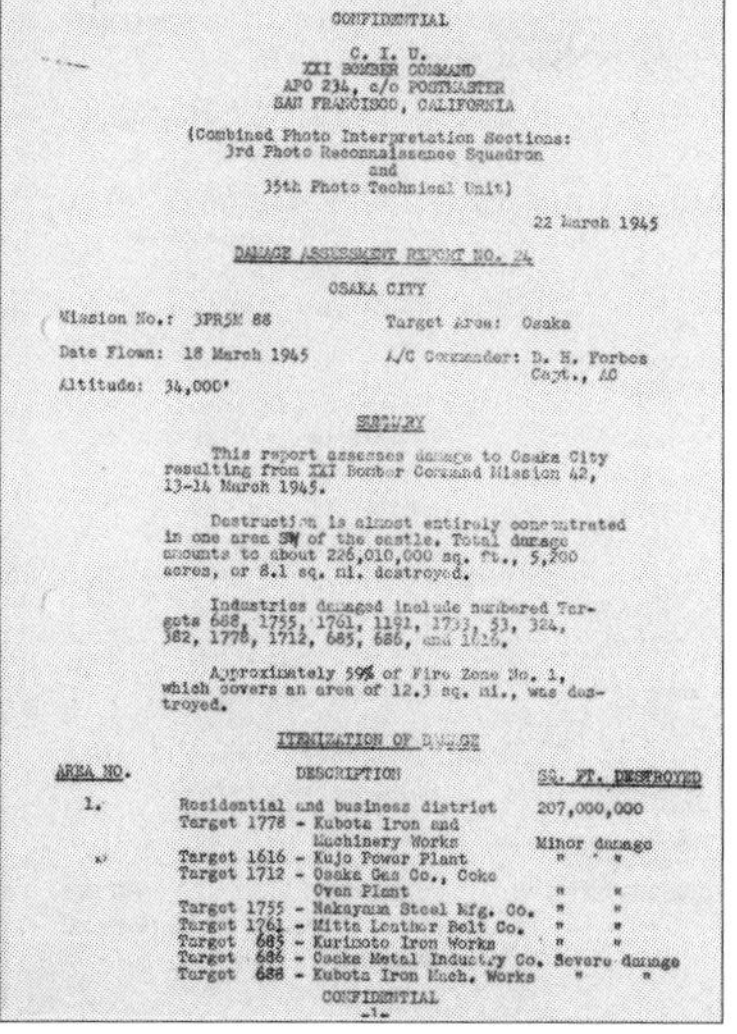

CONFIDENTIAL

C. I. U.
XXI BOMBER COMMAND
APO 234, c/o POSTMASTER
SAN FRANCISCO, CALIFORNIA

(Combined Photo Interpretation Sections:
3rd Photo Reconnaissance Squadron
and
35th Photo Technical Unit)

22 March 1945

DAMAGE ASSESSMENT REPORT NO. 24

OSAKA CITY

Mission No.: 3PR5M 88　　Target Area: Osaka
Date Flown: 18 March 1945　　A/C Commander: D. H. Forbes Capt., AC
Altitude: 34,000'

SUMMARY

This report assesses damage to Osaka City resulting from XXI Bomber Command Mission 42, 13-14 March 1945.

Destruction is almost entirely concentrated in one area SW of the castle. Total damage amounts to about 226,010,000 sq. ft., 5,200 acres, or 8.1 sq. mi. destroyed.

Industries damaged include numbered Targets 688, 1755, 1761, 1191, 1733, 53, 324, 382, 1778, 1712, 685, 686, and 1616.

Approximately 59% of Fire Zone No. 1, which covers an area of 12.3 sq. mi., was destroyed.

ITEMIZATION OF DAMAGE

AREA NO.	DESCRIPTION	SQ. FT. DESTROYED
1.	Residential and business district	207,000,000
	Target 1778 - Kubota Iron and Machinery Works	Minor damage
	Target 1616 - Kujo Power Plant	" "
	Target 1712 - Osaka Gas Co., Coke Oven Plant	" "
	Target 1755 - Nakayama Steel Mfg. Co.	" "
	Target 1761 - Nitta Leather Belt Co.	" "
	Target 685 - Kurimoto Iron Works	" "
	Target 686 - Osaka Metal Industry Co.	Severe damage
	Target 688 - Kubota Iron Mach. Works	" "

CONFIDENTIAL
-1-

図版0－4

このほかにも、報告書や情報シート、空爆の被害を分析した結果など、さまざまな文書がある。〈機能分析報告書〉や〈攻撃目標情報票〉などを見ていくと、コンクリート製やスレート葺き（ぶ）といった建物の詳細な状況がまとめられているほか、小さな木造の小屋まで記載されている。米軍の攻撃目標となった都市や施設は、空爆前には丸裸にされていたことがわかる。

また、空爆後は、地上から直接目視で調査したのではないかと思われるほど細かい被害分析をおこなっていた。

日本側の把握よりも正確な場合さえあったという。

「上空の目」と「地上の目」から空爆の実態に迫る

米軍の日本本土空爆について簡単に触れておこう。

日本が絶対国防圏としていたサイパン島が1944年7月に陥落（かんらく）した。またグアム島の日本軍守備隊も8月に全滅した。これらマリアナ諸島が米軍の手に落ちたことで、米軍は大型長距離爆撃機B29によって日本本土を直接空爆できるようになった。

同年11月には、急ピッチで整備されたマリアナ基地（サイパン、グアム、テニアン）からの初めてのB29部隊（米陸軍航空軍第21爆撃機軍団）による本土空爆がおこなわれ、中島飛行機武蔵野製作所や東京市街地が空爆を受けた。

翌1945年2月までは東京や名古屋などの軍需工場に対する精密爆撃が中心だったが、3月には大都市への夜間の焼夷弾爆撃がはじまり、日本の都市は次々と焦土と化していった。６月以降は中小都市を空爆し、10ヵ月足らずで約50万人が犠牲になったとされている。京都、金沢、小倉など一部を除いて、大部分の都市が焼け野原になった。

マリアナ基地から飛び立ったＢ29爆撃機は、どのような意図を持ち、どんな効果を期待して日本本土を目指したのだろうか。

米国戦略爆撃調査団が集めた資料である戦略爆撃調査団文書の魅力は、なんといっても膨大な「生データ」がそのまま保管されていることだ。手書きのメモ、推敲や訂正の跡が生々しく残る草稿、爆撃機の搭乗員や下士官のレポートなどがそのまま残っている。

もちろん間違いや勘違いが含まれていることを覚悟しなければならないが、最終報告書ではわからない「最前線の吐息」が伝わってくるし、どのような方針や意図で報告書が作成されていったのかをたどることもできる。いまだに明らかになっていない「真相」の発掘も可能だ。本土空襲のみならず、日米戦を調べていくうえで、第一級の一次史料であることは間違いない。

戦略爆撃調査団の文書は、最終報告書が作成された翌年の１９４７年、すべてが米国立公文書館に移された。ただ、資料は機密扱いだったため、すべてが機密解除され公開されたのは１９７９年だった。

国立国会図書館は１９７９年に最終報告書のマイクロフィルムを購入、１９８０年度から92年度にかけて、太平洋戦域に関する資料をマイクロフィルムに撮影して収集をつづけた。2013年からはその一部をデジタル化してインターネットで閲覧できるようになっている。

第一級の一次史料ではあるが、まだ調査も研究も進んでいない。ファイル数だけでも1万ファイルにおよぶ。また、報告書をつくった当時のままで保管されているため、ほとんどが未整理で、どこにどのような資料があるのか、開いてみないとわからない。まるで「宝探し」になることもある。加えて手書きの英文文書が多く、容易に読めないものが多数含まれている。

原子爆弾が投下された広島と長崎、地上戦が繰り広げられた沖縄、一夜にして10万人以上が犠牲になった東京大空襲は、市民団体の熱心な取り組みもあり、米軍資料を取り込んだ研究や検証が進んでいる。

一方で、東京以外の都市については、米軍資料を活用した検証はほとんど進んでいない。自治体が編集した市町村史の戦災の記述には、当時の新聞記事をそのまま転載したものや大本営発表の数字をそのまま使ったものがまだ残っていたりする。

当時の被災者の証言として、

「B29は蚊取り線香のように渦巻き状に焼夷弾を落として、避難する人を追い詰めていった」

「米軍機は大量のガソリンを撒（ま）いた後に焼夷弾を落とした」

といったものがそのまま「事実」として記録されてしまっていることもある。

米軍の資料と照合していけば、そのようなことは起こりえないことがただちにわかる。爆弾に脅え、猛火に追われた被災者の証言は貴重だ。戦争の理不尽さをストレートに訴える貴重な言葉となる。ただ、このような被災者の「地上の目」（空襲された側）だけで空爆を検証しようとすると、理不尽さの全容を解明することは難しい。

焼夷弾や爆弾を投下した米軍がどのような意図をもっていたのかを「上空の目」（空爆した側）から知ることで、その理不尽さはより深く多面的な訴えにすることができる。戦後70年を越えても真相を明らかにすることができる。

住民を標的にしていかに効率的に街を焼き払おうとしたのかという「上空の目」と、なす術もなく猛火から逃げ惑うことしかできなかった被災者の「地上の目」をリンクさせつつ検証することで、日本本土空爆の真相が見えてくる。

なお、本書に掲載した米国戦略爆撃調査団の英文資料については、ほとんどが筆者の訳である。

第1章　大阪が燃えた日

1945年3〜8月

１「成功モデル」となった大阪大空襲

３月14日　大阪市

市街地を焼き払う焼夷弾爆撃への転換

太平洋戦争中の日本本土空襲を代表するのは、１９４５（昭和20）年３月の東京、名古屋、大阪、神戸への夜間空襲だろう。死傷者数、焼失面積、被災者数で突出している。「空襲といえば昭和20年３月の……」と記憶している人が多い。

米軍は、それまでの上空７０００～１万メートルから日中に爆撃する「白昼高高度精密爆撃」でなく、上空１５００～３０００メートルの超低空から夜間に大量の焼夷弾を投下して市街地を一気に焼き払う「夜間低高度焼夷弾爆撃」へと転換した。

ゼリー状のガソリンが燃え上がって火災を起こす油脂焼夷弾が中心だったが、マグネシウムを燃焼させて高熱の火柱を噴き上げるエレクトロン焼夷弾や、黄燐を使った激しい爆発力をもつ黄燐焼夷弾も投下された。油脂焼夷弾については「火の雨が降るように落ちてきた」と証言する被災者が多かった。

米軍は、軍事施設や軍需工場をピンポイントで狙う精密爆撃は効率が悪いと、住宅地を一気に焼き払い、都市機能を壊滅させて、生産能力を奪える焼夷弾爆撃へと舵(かじ)を切った。恐ろしい転換だった。

夜間低高度焼夷弾爆撃の実績――3・10東京、3・12名古屋、3・14大阪

3月10日未明に、まず東京が狙われた。

B29爆撃機279機が来襲、約1600トンの焼夷弾を投下した。折からの強風で爆発的に火災が拡大し、43・5平方キロが焼失した。10万人以上が亡くなり、約27万戸が焼け、下町地域は一面の焼け野原になった。

つづいて12日未明に、名古屋が攻撃された。

B29爆撃機285機が来襲し、約1700トンの焼夷弾を投下した。5・3平方キロが焼失して500人以上が亡くなり、2万5000戸が焼けた。予定した焼失面積を大きく下回ったため、米軍は7日後の19日未明に「やり直し」の空爆を実施した。この2回の空爆で名古屋市中心部は壊滅した。

そして14日未明、大阪が標的になった。

3月13日午後11時57分から3時間半にわたり、B29爆撃機274機が来襲。1500～2900メートルの超低空から焼夷弾1730トンを投下した。最初に焼夷弾が落とされた浪速(なにわ)区をは

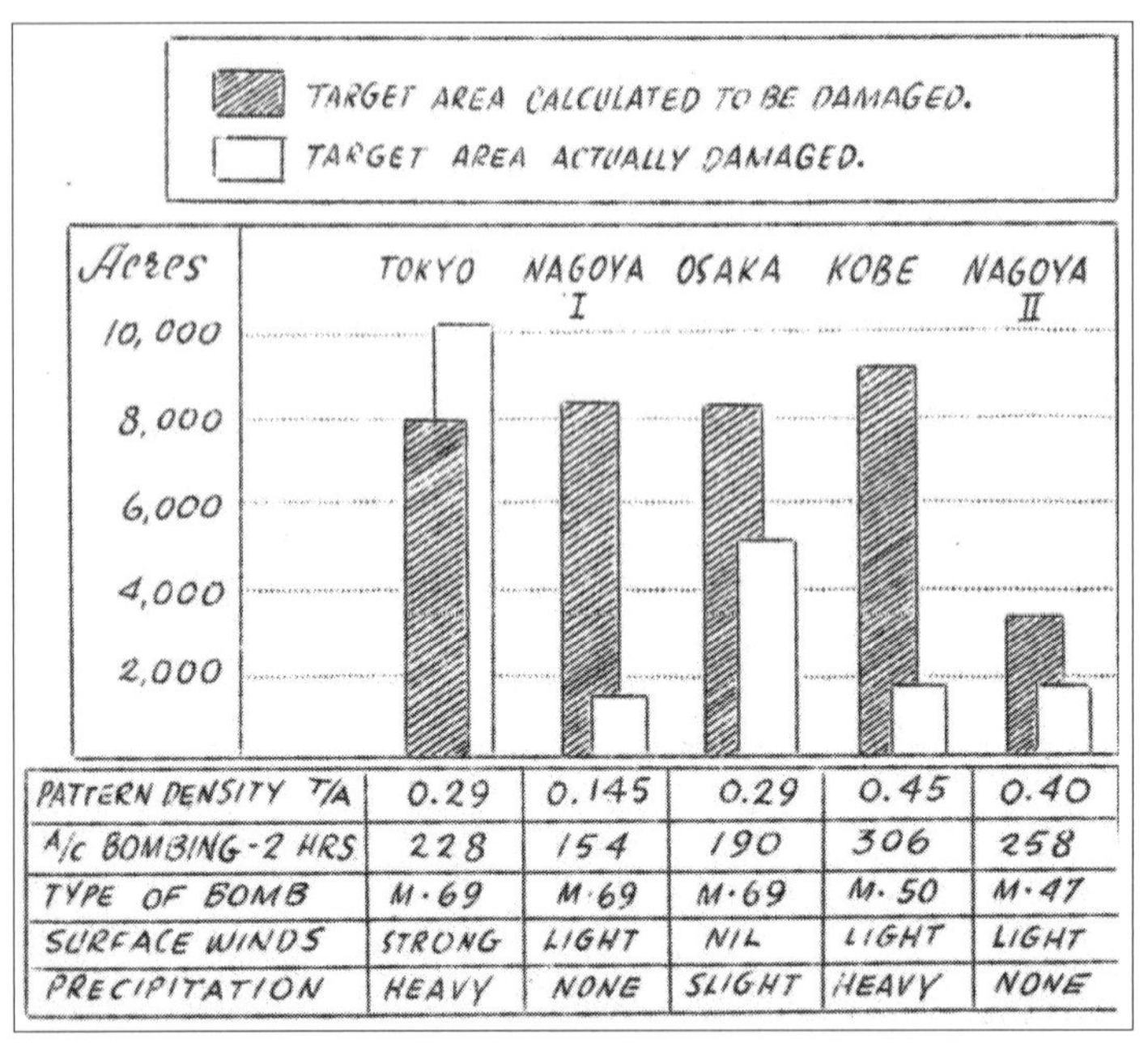

PATTERN DENSITY T/A	0.29	0.145	0.29	0.45	0.40
A/C BOMBING-2 HRS	228	154	190	306	258
TYPE OF BOMB	M·69	M·69	M·69	M·50	M·47
SURFACE WINDS	STRONG	LIGHT	NIL	LIGHT	LIGHT
PRECIPITATION	HEAVY	NONE	SLIGHT	HEAVY	NONE

図版1－1　1945年3月の東京、名古屋、大阪、神戸への空爆の被害想定（斜線部）と実際の被害を示した〈焼夷弾爆撃分析報告〉内のグラフ。下の表には爆弾の種類や投下密度、地上風、攻撃前48時間と攻撃直後の降水量などが記載されている

じめ、港区、西区、南区（現中央区）など大阪市中心部が壊滅した。大阪府警察局のまとめでは３９８７人が犠牲になり、約50万人が被災、約21平方キロが焼失し、13万６０００戸が全焼した。

米軍は、2日おきに淡々と大都市を空爆していったように見える。

3月10日の東京空爆では、一夜にして10万人以上の命を奪い、首都の市街地の半分を焼き尽くすことができた。米軍にとっては大成功だったといえよう。

「東京の成功体験を生かして、

名古屋、大阪と夜間空爆を実行し、着々と成果を重ねていった」というのが一般的な見方だ。

米軍は本当に淡々と夜間都市空爆をつづけていったのだろうか。

3月の夜間低高度焼夷弾爆撃を実際におこなったB29部隊である第21爆撃機軍団は、空爆のたびに焼夷弾の投下方法について詳細に分析した。その結果を〈焼夷弾爆撃分析報告〉（Analysis of Incendiary Phase of Operations Report, 9-19 March 1945.）としてまとめている（図版1－1）。当初の計画どおりに爆撃することができず、試行錯誤をくり返していたことが判明した。

大阪への空爆は、4日前の「東京空爆の教訓」と2日前の「名古屋空爆の反省」を取り入れて綿密に計画され、以後の焼夷弾空爆のモデルケースになっていったことが、〈焼夷弾爆撃分析報告〉から浮き彫りになった。

米軍は淡々と焼夷弾を落としていたわけではなかった。

「オペレーションは失敗、結果は大成功」の3・10東京空爆

第21爆撃機軍団の〈焼夷弾爆撃分析報告〉を参考にしながら真相を探っていこう。

夜間低高度焼夷弾爆撃は米軍にとって初めての体験だった。実際にやってみないとわからない課題がいくつもあった。

・爆撃機はどの程度の密度で焼夷弾を投下すればいいのか。

・投弾のタイミングや投弾する地域は、地上の火災発生状況を見ながら個々の爆撃機が臨機応変に判断したほうがいいのか。
・爆撃機は何機程度の集団で集中攻撃をすればいいのか。

爆撃の効果を最大限に引き出す理論は考え出されていたが、実際におこなってみなければその効果は不明だった。

・夜間に数百機が一糸乱れぬ行動をとれるのか。
・対空砲火や敵機の迎撃はどの程度なのか。
・天候はどのくらい影響するのか。

事前に解決できない課題ばかりだった。米軍は不安に包まれながら、恐々と空爆に向かったというのが本音だっただろう。

米軍は、都市に対する焼夷弾爆撃の手順を決めていた。

まず、標的となる都市に爆撃中心点（照準点）を設定した。大阪や東京のような大都市では3～4ヵ所を設定している。

サイパンやテニアンを飛び立ったB29爆撃機は、レーダーにしたがって進入し、爆撃中心点を目指して焼夷弾を投下する。投下にあたっては投下間隔制御器を使って間隔を一定にしたほか、編隊と編隊の間隔も一定に保ち、投下する焼夷弾の密度にバラつきがないようにした。

雲がなく天候がよければ目視で投下、悪天候ならレーダーを使って投下した。

夜間低高度焼夷弾攻撃の第1弾となった3月10日未明の東京への空爆では、ほとんどの爆撃機が雲に邪魔されることなく目標地域を目視で確認できた。

ところがこの「目視で確認できた」ことが災（わざわ）いした。

本来は爆撃中心点を目指して投下しなければならなかったのに、すでに多数の火災が発生しているのを目撃した搭乗員の多くが、まだ炎上していない暗闇をわざわざ選んで焼夷弾を投下してしまった。

米軍は、各機の焼夷弾投下によって起こった火災が拡大し、それらがつながることで大火災となり、地域全体を焼き尽くすことを目論んでいた。爆撃中心点を複数設定したのも、投下間隔を設定したのも、焼夷弾によって発生した火災の効果を最大にするためだった。

各機が爆撃中心点を無視して、火災が発生していない暗闇に向けて無造作に投下をはじめると、まだら模様に火災が発生する。結局、局所的に火災が起こるだけで、火炎が拡大・連鎖して大火災にはならない。

米軍は「いくつかの間違いを犯した」と評価した。

しかし、この夜の東京にはとんでもない強風が吹き荒れた。まだら模様の火災でも、強風のおかげで炎が大きくあおられ、通常なら発生しないような大規模な火災になってしまった。

米軍は「偶然起こった強烈な地上風にあおられて火災はいちじるしく広がった。もし風がなければ損害は3割減っていたかもしれない」と分析している。

「失敗」を強風がカバーした。

いや、カバーしたばかりか、想定を超える大火災が発生し、予測を大きく上回る被害を与えることになった。

「改良」があだとなった3・12名古屋空爆の「失敗」

東京空爆に参加した搭乗員から「投下間隔が狭くて焼夷弾が無駄になった」との報告が多数集まった。すでに燃え上がっている地域へ重ねるように焼夷弾を投下することが、搭乗員には「無駄」に見えたようだ。

2日後の3月12日未明の名古屋空爆では、この報告を採用して修正が試みられた。

東京では15メートル間隔だった焼夷弾の投下間隔を、名古屋では倍の30メートルにした。投下密度を半減して焼夷弾を投下した。

結果は散々だった。

当初想定した2割弱の損害しか与えることができず、焼失地域が点々とするまだら模様になってしまった。結局1週間後に「やり直し」の空爆をせざるをえなくなった。

米軍は「欠陥のある遂行（すいこう）によって（焼夷弾の）効力が台無しになった」「不満足な結果に終わ

った」と酷評した。

想定どおり大火災を引き起こした3・14大阪空爆

大阪への空爆は、東京の教訓と名古屋の反省を生かして作戦が立てられた。次の2点を徹底させた。

「爆撃中心点に焼夷弾を集中して投下すること」
「投下間隔15メートルを守ること」

3月14日未明の大阪は、「雲量」が平均10分の8だった。レーダー精度の低い当時、地上が目視できるかどうかが重要だった。米軍は、まったく雲のない状態を「雲量10分の0」、完全に雲に覆われて地上が見えない状態を「雲量10分の10」として上空の雲の量を記録した。

このときの大阪は低い雲に覆われていたため、目視による投下がほとんどできず、レーダーによる投下を強いられた。

爆撃中心点が設定された浪速区塩草、港区市岡元町、西区阿波座、北区扇町の4ヵ所を目指してレーダーによって焼夷弾を投下した。もちろん投下間隔は厳しく守った。

上空は雲が多く、予定どおりの焼夷弾投下ができるか危惧されたが、目視ではなくレーダーによる投下が逆に功を奏した。地上で発生した火災の規模や地域に惑わされることなく、爆撃中心点に忠実に投下したことで、市街地のほとんどを覆う大火災が発生した。想定の7割の被害を与

図版1－2　大阪空爆で米軍が使用した写真地図「リトモザイク」。第21爆撃機軍団が1945年1月に撮影した航空写真をもとに、3月14日と6月1日の空爆の爆撃中心点（◎部＝編集部加工）が記されている。
リトモザイクには上下左右に目盛り（この数字の組み合わせで爆撃中心点を特定）、爆撃中心点および中心点から半径 1.2 キロの円（市街地壊滅の目安となる着弾範囲）、爆撃機の進入角が記され、各爆撃機が空爆の際に携行した

えることができた（図版1－2）。

米軍は「大阪空爆は成功した。悪天候ながらよい結果を得た最初の事例」と東京や名古屋を上回る評価を与えた。

「東京の失敗」と「名古屋の失敗」を生かした「大阪の成功」だった。

この後、全国の都市への米軍の焼夷弾攻撃は「大阪の成功」がモデルになっていった。

「学校はあかん。焼け死ぬぞ」

3月14日～8月14日まで、100機以上の爆撃機が8回にわたって大阪を襲った空爆は大阪大空襲と呼ばれる。大阪の市街地への焼夷弾爆撃が中心となった4回、陸軍造兵廠（ぞうへいしょう）など軍需工場を標的としたのが3回、そして堺市への空爆が1回おこなわれた。3月14日の第1次大阪大空襲は米軍の「上空の目」では、東京や名古屋の失敗を生かした成功だった。一方で焼夷弾の雨を浴びた被災者の「地上の目」からは何が見えていたのだろうか。

私は、当時国民学校6年だった矢野仁志さん（大阪府枚方（ひらかた）市在住）から、猛火の中を命からがら逃げ回った体験を聞くことにした。

米軍にとって失敗であろうと、成功であろうと、地上の人にはなんの関係もない。焼夷弾を大量に投下すれば、猛火が人を焼き殺し、街を焼き払う。ごく当たり前のことを、矢野さんの凄絶（せいぜつ）な証言から再認識した。

矢野さんは、大阪市浪速区の自宅から見た3月14日未明の空をいまも鮮明に覚えている。警報が鳴って床下の防空壕に逃げ込んだ矢野さんは、そのまま眠ってしまっていた。警防団長だった父親が突然大声をかけてきた。

「起きろ。今夜は様子がおかしい。いつもと違う」

急いで物干し台に駆け上がり周囲を見て、思わず息をのんだ。すでに東西南北どの方角にも火の手が上がっていた。

ウォーンという地鳴りのような爆音が響く。上空はB29に埋め尽くされていた。まるでベルトコンベアに乗ったように整然と編隊で飛んできた。探照灯に照らし出された胴体の銀色がキラキラと光る。

不思議な感覚が矢野さんを襲った。

「こんな光景はもう一生見ることはないだろうな」

間もなく頭上で焼夷弾が落とされた。あわてて階下へ降りて避難しようとしたが、病身の母親は「私は逃げない」と言い出した。矢野さんも国民学校4年の弟とともに「お母さんが逃げないのなら僕らも逃げへん」と父親を困らせたらしい。

母親を説得しているあいだに時間がどんどん過ぎた。玄関戸の1枚が突風で吹き飛ばされて、火の粉と煙が一気に家の中に入ってきた。自宅の周辺には人影はない。もうみな避難してしまったようだ。

図版1－3　焦土と化した大阪市。中央が国鉄湊町駅。左側に残る3階建ての建物が稲荷国民学校。矢野さんが避難したときは文字どおり火の海だった（1945年10月撮影、毎日新聞社）

火の粉と煙が途切れた一瞬に外へ飛び出した。母親を背負った父親を先頭に、家族7人で火の粉の突風のなかを近くの稲荷国民学校に向かった。

国民学校の校舎は鉄筋コンクリート3階建てで、小さいながらもグラウンドがあった。「学校に逃げれば助かる」と思っていた。

ところが学校へ逃げ込もうとすると、仁王立ちの警官に「学校はあかん。焼け死ぬぞ」と止められた。父親が「学校しか逃げるところがない」といくら訴えても通してくれない。反対側の道を逃げろと言う。

すでに両側の建物が火を噴いていて、炎のトンネルになっていた。警官は「走れ」と叫ぶ。かぶっていた布団に防火用水の水をかけて一気に走り抜けた。走り抜けた直後にガラガラと音を立てて家が燃えながら崩れていくのがわかった。たちまち布団が燃え出した。燃えたところの綿を引きちぎってさらに走り、ようやく国鉄湊町駅（現ＪＲ難波駅）の操車場にたどり着いた（図版1－3）。ホッと一息ついたときには布団は一片の布切れになっていた。
炎上する貨車を見ながら、ただ呆然と火勢がおさまるのを待った。

14日は卒業式。

矢野さんは答辞を読むことになっていた。卒業式があるはずだった稲荷国民学校の校舎は廃墟になっていた。

屋上の手すりに人が大勢並んでいる。「なぜあんなところに」とよく見ると、炎に追われて屋上に逃げて亡くなった人たちだった。

校舎の周囲には、スイカのような黒い丸いものが点々と並んでいる。近づいてみると、それは屋上から転落して亡くなった人だった。「もし学校に避難していたら、家族7人助かっていなかった」と声を落とした。

すべて焼き尽くされた。矢野さんは「防空壕の中で亡くなった友人もいれば、避難の途中で亡くなった友人もいるようです。でも当時は誰が無事で誰が亡くなったのかほとんどわかりませんでした」と言う。

もう卒業式どころではなかった。

２　住民を標的に爆撃せよ

３月14日　大阪市

一般市民の住宅のみを狙った緻密な爆撃

３月14日の第１次大阪大空襲について、大本営は次のように発表した。

「Ｂ29約九十機大阪地区に来襲、雲上より盲爆せり、右盲爆により市街地各所に被害を生ぜるも火災の大部は本十四日九時三十分頃までに鎮火せり」

「木で鼻をくくった」とはこのような発表のことをいうのだろう。約４０００人が亡くなった重みをまったく感じさせない。「鎮火せり」というが、単に燃えるものがなくなったので自然と消えてしまっただけだ。

大本営発表は「盲爆」という言葉を使った。米軍機は目標も定めず、ただやみくもに爆撃したというように伝えている。家を焼かれ、猛火のなかを逃げ惑った被災者も「無差別爆撃を受けた」と考えていた。

米軍の日本本土への空爆は「無差別爆撃」だったといわれる。「無差別」だから、工場地域と住宅地域、軍事施設と非軍事施設を区別せずに手当たり次第に爆撃したとの意味合いを持つ。

しかし実際には多くの空爆で、米軍は一般市民の住宅地域のみを標的にしていたことがわかってきた。B29は緻密な計画の下でじつに効率的な爆撃をしていたことが、米軍の〈作戦任務報告書〉(Tactical Mission Report)や〈野戦命令書〉(Field Order)からわかる。

それは決して「盲爆」でも「無差別爆撃」でもなかった。

三日三晩焼かれた遺体の山

当時、大阪市港区で被災した稲嶺幸子さんの体験からはじめたい。

稲嶺さんは「細かいことは忘れてしまっていますが、それでもいいんですか」と何回もくり返したあと、あの日の経験を話しはじめた。

かたわらには稲嶺さんの長男が座った。「いままで母の体験をしっかりと聞いたことがありません。ぜひ聞いておきたい」と耳を傾けた。

音羽国民学校6年だった稲嶺さんは、集団疎開(そかい)していた香川県から3週間前に戻ったばかり。翌日は卒業式という夜だった。

「東京、名古屋と空襲がつづいていましたから、友だちと『今日は大阪の番やわ』って言ってました。でもあんな大きな空襲が来るなんて思いもしませんでした」と言う。

防空壕に避難していた稲嶺さんが、「花火みたいにきれいよ」という声を聞いて外へ顔を出した瞬間だった。無数の焼夷弾がすぐ目の前に落ちてきた。激しい火柱が上がって周囲が燃え上がった（図版1－4）。

図版1－4　3月14日の空爆で米軍機が投下した焼夷弾。火の雨が降るように落ちてきた

躊躇（ちゅうちょ）する暇はなかった。妹を背負い、防火用水で水浸しにした夏布団をかぶって、とにかく逃げた。

泣き声に叫び声。

シューという音を立てて絶え間なく落ちてくる焼夷弾。

強烈な油の臭い。

暗闇のなかを、とにかく火のない方向へと走った。

「どこをどうやって逃げたかわかりません」

家屋疎開跡の広い空き

地にある防空壕へ逃げ込んだ。ようやく家族の無事を確かめたものの、周囲は火の海。「まだ冷え込みの厳しいときでしたが熱かったですね」と振り返る。

永遠につづくように感じた猛火は、いつの間にかおさまっていた。ようやく夜が明ける。目の前には昨日とはまったく異なる一面の焼け野原が広がっていた（図版1－5）。

稲嶺さんの家族6人は、焼け残った磯路国民学校の講堂に避難した。講堂は着の身着のままですすまみれの被災者であふれていた。稲嶺さん家族はようやく見つけた床にむしろを敷き、1週間そこで寝起きした。

学校のすぐ近くで、警防団が三日三晩ぶっ通しで遺体を焼いた。座った姿で亡くなり、そのまま火中に入れられた人もいた。遺体の山を棒で動かしている最中に頭が落ちるのも見えた。一度に300体が焼かれた。とにかく臭いがひどかった。

「焼けた米屋の倉庫から、煙がしみついた凄（すさ）まじい臭いのするお米をもらいました。食べるものがないからそのまま食べました」と話す。稲嶺さんの住んでいたあたりは石炭ガラで埋め立てられていたためか、空襲から1週間たっても地面がくすぶりつづけた。

図版1－5　3月14日の空爆で焼け野原になった大阪市港区。右奥に春日出発電所の「八本煙突」、左下に大阪港郵便局が見える（1945年3月撮影、毎日新聞社）

「鉄かぶとにそのお米と水を入れて焼け跡に置いたら、ご飯が炊けるほどでした」

稲嶺さんの同級生には、家族7人全員が防空壕で亡くなった人もいた。街をなめつくすように広がる猛火の前では、防空壕にとどまるのは危険だった。蒸し焼きになったり、窒息して命を落とす人が続出した。

「一緒に香川県のお寺に集団疎開した女の子でした。ラジオも布団も入れた立派な防空壕ができたのよ、空襲が来ても大丈夫よと話していたのに……」と声を落とす。

空襲から3日後の3月17日、焼け残った吾妻国民学校の講堂で音羽国民学校の卒業式があった。着の身着のまま、すすや泥で真っ黒だった。

「女子の同級生は半分の40人ぐらい出席していました。自分の姿があまりにも惨めで、話をする気も起きなかったです。覚えているのは『生きてたんやね』と友人と言葉を交わしたことだけです」

その後、稲嶺さんは大阪府貝塚市で終戦を迎え、１９４６年秋には両親の故郷である沖縄に向かった。

「沖縄の状況はわからないまま、実家もあるし大阪よりも食べ物があるだろうと思ったんじゃないでしょうか」

ところが、苦心惨憺してたどり着いた沖縄は、いまだに「戦場」に近い状態だった。白骨が散らばり、壊れた戦車が放置されていた。ろくな食べ物はなかった。

台風が来れば一瞬で吹き飛ぶような小屋に住み、米軍の機械油で炒めたカタツムリや道端に生える草で飢えをしのいだ。

稲嶺さんが大阪に戻ってきたのは、空襲から10年後の１９５５年だった。

稲嶺さんへのインタビューはのべ5時間に達した。しかし、空襲から10年間におよぶ稲嶺さんの「長い戦争」を聞き取るには、まだまだ時間が必要だと実感した。

効率よく焼き尽くすべく住宅地域を徹底解剖

米軍は日本本土空爆に先立ち、大阪や神戸などの20都市を徹底的に「解剖」した。分析にあたり都市を機能別にゾーン分けしていたことが、〈空襲目標システムフォルダー〉（Air Target System Folders）と名付けられた文書で明らかになった。それぞれの用途に応じて細かく分類した。

住宅地域（ゾーンＲ）
工場地域（ゾーンＭ）
住工混在地域（ゾーンＸ）
倉庫地域（ゾーンＳ）
駅・港湾（ゾーンＴ）

住宅地域（ゾーンＲ、Residence＝住宅の頭文字）は、住宅地が85％以上を占め、基本的には軍事施設も軍需工場も存在しないと判定された地域だ。
住宅地域は、建物の密集度に応じてさらに細かく分けられた。

建物面積が40％以上の高密度地区を「ゾーンＲ１」
建物面積が40～20％の中密度地区を「ゾーンＲ２」
建物面積が20～５％の低密度地区を「ゾーンＲ３」

ゾーンＲ１は、平屋の棟割り住宅（いわゆる長屋）が狭い路地を挟んで建ち並ぶような典型的な住宅密集地域だ。Ｒ１～３は用途に応じて分類されたわけではない。「よく燃え広がるのか」「燃えにくいか」が基準になっているのは明らかだ。

ゾーン分けにしたがって、各都市を徹底的に調査している。

空爆の標的となった都市には、それぞれ〈攻撃目標情報票〉（Target Information Sheet）が作成された。Ｂ29の搭乗員は、この情報票をもとに攻撃都市の特徴を頭に入れて出撃することが求められた。

情報票には「作戦遂行時の機内に持ち込まないこと」との注意書きが大きな文字で記されている。万が一、日本国内で撃墜（げきつい）されたり不時着したときに、日本軍が入手することを避けるためだ。逆にいえば、米軍がここまで緻密に日本の都市を調査分析していることを、日本軍は知らなかったということになる。

大阪市を例に見てみよう。


「ゾーンＲは、混み合った住宅と多数の小工場や作業所が入り混じり、ほとんどが大阪市の中心部の北東と南西に集まっている」

「ゾーンＲの中心部には、大阪の商業と行政の心臓部がある。西洋式の商業ビルは、住宅や小工場が入り混じった地区から離れていてほとんど火災の影響を受けない。しかし東京の最も近代的なビルのような耐火構造になっていない」

「大きなコンクリートの建物のあいだに小さく燃えやすい建物が見出される大阪市は、（焼夷弾攻撃には）『最善』の場所であることを写真が示している」

「大阪市の平均人口密度は日本で最も高く、1平方マイル（2・6平方キロ）当たり4万5000人。ゾーンR1では6万1000人になる」

「（住宅と小工場が入り混じっている）大阪市のゾーンRは、ゾーンR1とゾーンR2の線引きが他都市ほど明確ではない。しかし、燃えやすい住宅地域と小工場が点在して高い割合で入り混じることから、むしろ（燃え広がりやすいという）特性を増加させる」

「建物の9割は木と壁土で建てられている。1923年に東京で起こったような地震（関東大震災）や大火災に遭（あ）っておらず、大規模な建て替えはされていない」


大阪市の消防署がつくったと勘違いしそうなほど詳細な情報を持っていた。「住宅地域をいかに効率よく焼き尽くすことができるか」を徹底的に調べ上げた結果といえる。

住宅密集地の約6割を焼き払う

米軍がここまで大阪の街を調べ上げて空爆していたとは、猛火の下を命からがら逃げた稲嶺さんが知るよしもない。綿密に計算し尽くされた空爆だったなどとは夢にも思わなかっただろう。

米軍が空爆後にまとめた〈空襲損害評価報告書〉（Damage Assessment Report）24号で、3月14日の空襲の実際の被害について確認しよう。

大阪の「ゾーンR1」は約32平方キロで、現在のJR大阪環状線をもう少し外側に拡大させたエリアと重なる。住宅が最も密集している地域だ。

〈損害評価報告書〉では、住宅地は「12・3平方マイル（31・86平方キロ）をカバーする焼夷地区1号（ゾーンR1）の約59%（18・8平方キロ）が破壊された」と記している（図版1-6）。

一方で、重要性が高いとして米軍が爆撃目標と定めた施設はほとんど被害を受けていない。〈損害評価報告書〉では「大阪金属、久保田鉄工、大阪中央郵便局に重大な被害を与えた」としており、被災したのはわずか3件にとどまった。

この3件とも直接爆撃されたというより、ゾーンR1内で焼夷弾の集中投下によって発生拡大した火災によって被害を受けた。ほとんどの軍需工場や軍事施設は直接狙われることなく、「被害軽微」もしくは「被害なし」だった。

大阪府警察局の調査では、この日の空襲で約4000人が犠牲になり、50万人が被災、焼失した家屋は13万6000戸におよんでいる。大阪市内で多数の人が死傷し、広大な焦土が広がったのに、軍事関連の施設は無傷に近い。これは単なる偶然ではなかった。

稲嶺さんが被災したのは「ゾーンR1」の静かな住宅街だった。周囲に軍需工場も軍事施設もない。住宅地が狙い撃ちされたのは明らかだった。

関東大震災の火災まで調べ上げていた周到さ

米軍資料をもとに全国の都市空襲について調べている中山伊佐男さん（東京都杉並区在住）は、

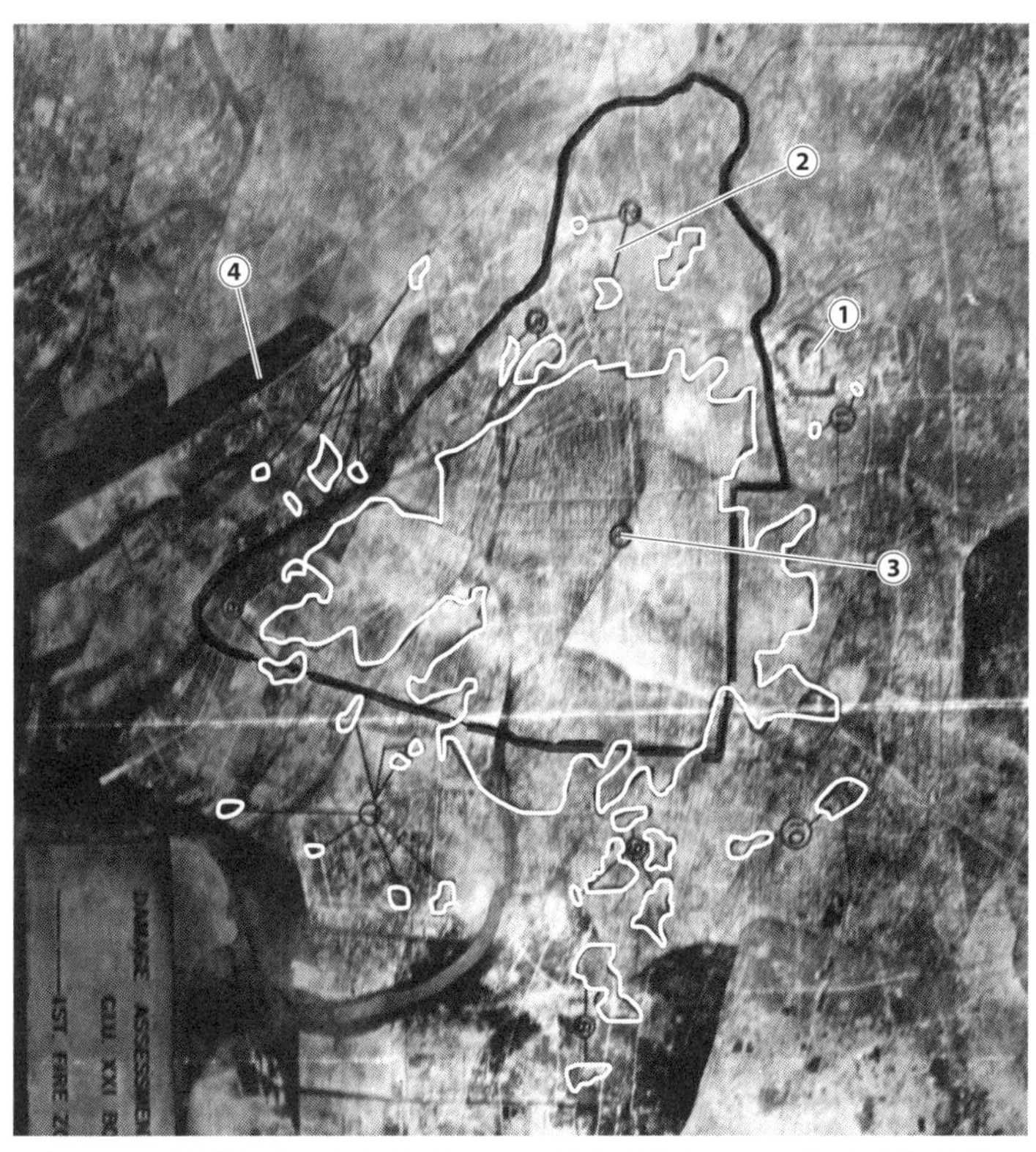

図版1－6　〈空襲損害評価報告書〉より、黒線内が「ゾーンR1（住宅密集地域）」。白線内が焼失した地域。3月14日の空爆でゾーンR1を効率よく焼き払ったことがわかる（写真上の①＝大阪城、②＝国鉄大阪駅、③＝南海難波駅、④＝淀川を示す。編集部加工）

長年の研究結果から「米軍の日本本土空襲は無差別爆撃ではない」と断言する。

「いかに効率的に住宅地域だけを焼き払うかを考えたことは明らかです。無差別爆撃の範疇をはるかに超えています。住民標的爆撃です」

最も燃えやすく火災が拡大しやすい住宅密集地域を綿密に調べ上げて、そこへ最も高い効果が期待できる手法で焼夷弾を投下した。住宅地だけを標的にして住民を狙い撃ちにしたことは明らかだった。

中山さんは1945年3月10日未明の東京大空襲を一つの例として挙げる。米軍の資料を丁寧に調べていくと、明白な住民標的爆撃だったことがわかるという。

米軍は関東大震災で発生した大火災を徹底的に調べ上げていた。

「どこで火災が発生してどのように燃え広がったのか」

「火災の拡大にどの程度の時間がかかったのか」

「大火災を防ぐ手立てはあったのか」

関東大震災後、東京がどのような防火対策を立てて街づくりを進めてきたのかも米軍は研究していた。火災保険の加入率まで調査していたというから、その徹底ぶりがうかがい知れる。

米軍は東京の防災行政を研究したわけでも、都市計画を研究したわけでもない。「東京の住宅密集地をいかに焼き尽くすか」を調べていたのだ。

ただ米軍は住民を標的にしたことを否定している。3月10日の〈作戦任務報告書〉(Tactical

Mission Report）40号の前書きにこのようなくだりがある。

「攻撃の目的は、都市の市民を無差別に爆撃することではなかったことは注目に値する。目的は日本の4つの都市の市街地に集中している工業的、戦略的な諸目標を破壊することであった」（強調部は原文ママ）

スズキさんちがボルトを作れば、サトウさんちはバネを作っている。

だから日本の都市の家屋は工場を兼ねている。

日本の都市住宅は軍需工場であり、住宅地域は軍需工業地域だ。

こんな考え方であろうか。それにしても乱暴だが。

中山さんは大きな疑問を呈している。

「〈作戦任務報告書〉の前書きは通常、1～2行程度の短文です。ところがこの報告書の前書きは1ページにわたります。米軍は国際法を遵守(じゅんしゅ)し、いかに政治的な配慮をしたかということを延々と書いていています」

「この日の東京空襲では軍事施設も軍需工場もほとんど被害を受けていません。住宅密集地を狙ったのは被害をまとめた数字で明らか。異例ともいえる長文の前書きはかえって言い訳がましさを感じさせます。米軍にも後ろめたさが少しはあったのではないでしょうか」

住民標的爆撃は東京限定ではなかった。３月14日未明の大阪も、住宅密集地のみを狙った「精密な」住民標的爆撃だった。

米軍はこの日の大阪空爆のコードネームを「ＰＥＡＣＨＢＬＯＷ」とした。ＰＥＡＣＨは「桃花」、ＢＬＯＷは「吹き飛ばす」を意味する。

大阪で咲きはじめた桃の花は、猛火とともに街ごと吹き飛ばされてしまった。

３　視界ゼロの焼夷弾投下

６月１日　大阪市

悪天候に翻弄された米軍

日本本土を空爆する米軍を悩ませたのは、日本軍の迎撃機や対空砲火だけではなかった。最も悩まされたのは悪天候だったといっていいかもしれない。

大阪は１９４５年６月、わずか２週間に白昼の大空襲を３回も受けた。６３００人以上が犠牲になり、約60万人が被災して、大阪はとどめを刺された。

来襲したＢ29爆撃機はのべ１３００機を数え、投下した焼夷弾は８０００トンを超えた。

折しも日本列島は梅雨を迎えようとしていた。太平洋上には梅雨前線が発生し、西日本は厚い雨雲に覆われたり、不安定な気流に見舞われる季節に入っていた。

１９４５年６月１日、大阪は初めて白昼に大規模な焼夷弾空襲を受けた（図版１－７）。午前9時半頃から1時間半にわたり、Ｂ29爆撃機４５８機が焼夷弾２８００トンを投下した。大阪湾岸部や大阪市北部の８・４平方キロが焼失し、３１００人が死亡、21万８０００人が被災した。

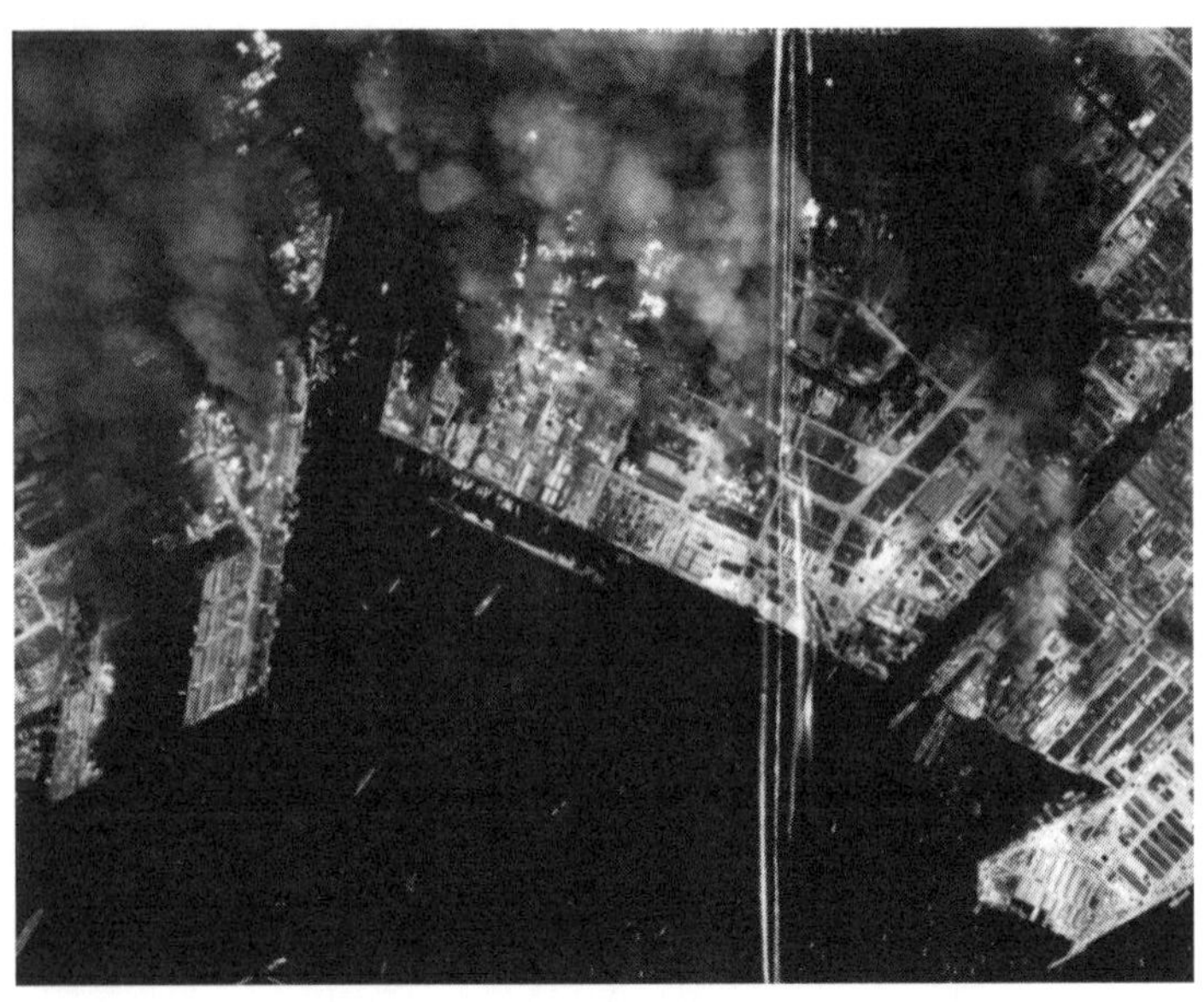

図版1－7　6月1日の空爆で焼夷弾を投下され炎上する大阪港地域。雨雲が切れて鮮明な写真が撮影できた。〈空襲損害評価報告書〉84号より

戦果の数字だけではうかがいしれないものがある。

米軍は悪天候に翻弄された。

「お母さんが死んだらどないしたらええの」

国民学校高等科1年だった矢森智恵子さん（大阪府大東市在住）は当時、大阪市大淀区（現北区）で母親、4人の弟妹と暮らしていた。

矢森さんの記憶は鮮明だった。京都府福知山市での学童集団疎開、帰阪したのもつかの間に自宅を失った大空襲、そして松江市への疎開。

淡々と振り返る言葉の向こうに、12歳の少女にとってはあまりに過酷な1年間が凝縮されているように感じた。

父親は出征して不在だった。「乙種や

から召集令状はこない」と言っていた父に赤紙が届いたときのことを、いまでもはっきりと覚えているという。

矢森さんが泣きながら召集令状を持っていくと、父親はポツリとこう言った。

「わしに赤紙が来るようになったら、日本ももうあかんわ」

3月14日の大空襲では幸いなことに家は被害を免れた。しかし、大阪の中心部はきれいに焼けてしまった。「いつここにも焼夷弾が落ちてくるかわからない」という不安が大きくなる。母親と矢森さん以外は小学生と乳児しかいない。男手のない家を守っていけるのか。

父親の故郷である松江への疎開を決めた。

6月1日は、第1陣としてたんすと水屋（食器棚）を荷出しすることになっていた。たんすの中身の着物は後日送ることになっていたので、空のたんすと水屋を馬車で大阪駅まで運び出した。馬車が戻ってくる途中に警戒警報のサイレンが鳴り響いた。まもなく空襲警報になった。

3月の大空襲の惨状が頭をよぎった。国民学校5年、3年、2年と乳児の弟妹を連れて、なによりも貴重な1升の米を抱えた矢森さんは、家族6人で淀川の河川敷まで避難することにした。

その途中、早くも焼夷弾が雨のように降ってきた。

「シュルシュル、ヒュルヒュルという不気味な音と、カラカラという凄まじい音が絶え間なく聞こえてきました」と振り返る。

爆音は聞こえるが、上空には雨雲が広がっていた。厚い雲を突き抜けて焼夷弾が次から次へと降り注いできた。

やっとのことで河川敷に到着した。目の前の街からは次々と炎が上がっていた。

突然母親が「着物を取りに帰りたい」「赤ちゃんのおしめを取りに帰りたい」と言いだした。

矢森さんは「お母さんが死んだらどうなるの。私はどないしたらええの」と泣きながら止めた。


どのくらい時間がたったのか。ようやく空襲が終わり、自宅に戻った。きれいに焼き払われていてどこが自宅だったのかはっきりとしない。

焼け落ちた洗濯物と、焼夷弾の直撃で割れた防火用水で、ようやく自分の家の場所が確認できた。

ふとまわりを見てみると、通りの反対側の家は焼けていない。何事もなかったかのように以前のままの家並みがそっくり残っていた。

「なんで向こうの家は燃えてないのに、うちだけ燃えてるんやろと思いましたよ」

なにかすっきりしない気持ちが残った。


2日後。

いつまでも避難所の学校にいるわけにもいかず、松江に疎開することになった。罹災(りさい)証明書があれば優先的に乗車はできたが、牛馬を運ぶ窓もない貨車だった。異臭のするむしろが敷かれた貨車にすし詰めにされ、12時間がかりでようやく松江に到着した。

空襲直前に送った空のたんすは、奇跡的に松江に届いていた。ただ、引き出しの中にはなぜか、弾丸の破片らしい鉄片が大量に転がっていて、動かすたびに大きな音を立てていた。

梅雨前線に揉まれる爆撃機と護衛機

米軍がいかに悪天候に翻弄させられたか。６月１日の大阪空爆についてまとめた〈作戦任務報告書〉(Tactical Mission Report) １８７号をたどりながら解明しよう。

大阪は梅雨入り直前で、梅雨前線が西日本に向けて太平洋上を北上していた。〈作戦任務報告書〉１８７号には、この日のＢ29がたどったマリアナ基地と大阪を結ぶ〈航路図〉(Navigation Chart) が添付されている。硫黄島（いおうとう）と大阪の中間あたりに前線（FRONT）と書かれており、航路に前線が横たわっていたことがわかる（図版１‐８）。

通常、航路図に天候に関する情報を書き込むことはない。前線がこの日の作戦に大きな影響を与えたことを証明している。

〈作戦任務報告書〉１８７号には、悪天候に振り回されて四苦八苦しながら大阪を空爆した様子がリアルに記されている。たどってみよう。

米軍は空爆を計画するにあたり、「先の焼夷弾攻撃（３月14日の夜間空爆のこと）の結果、大阪市の中心部は焼失してしまった。残された地域は難しくて爆撃できなかった」としている。

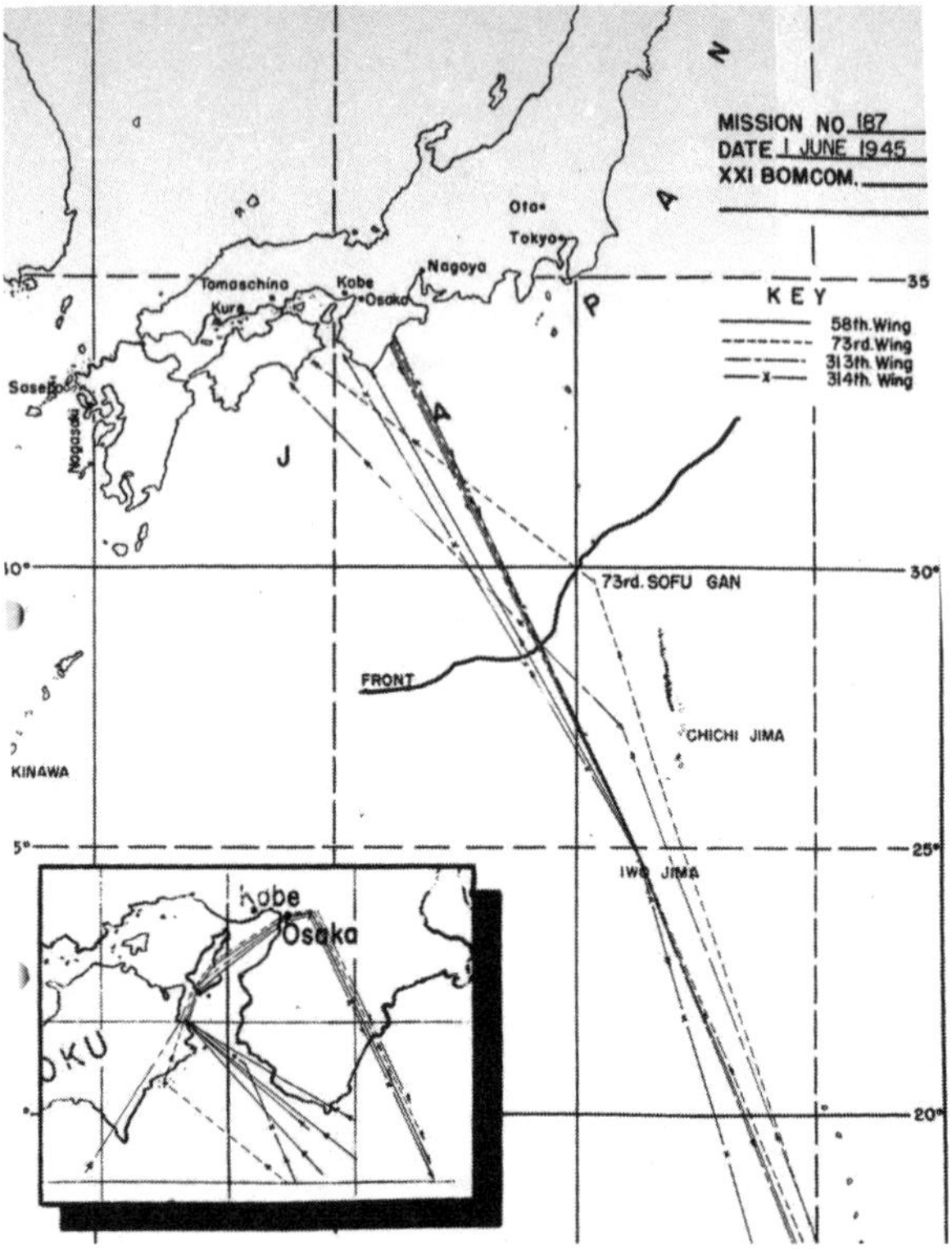

図版1－8　6月1日の航路を示した地図。硫黄島（IWO JIMAと表記）と本州のあいだに梅雨前線（FRONTと表記）が横たわっていたことがわかる。〈作戦任務報告書〉187号より

3月14日未明の空爆は大阪市の中心部を焦土にした。住宅密集地域に壊滅的な打撃を与えて作戦としては大成功だったが、空爆できなかった地域がドーナツ状に残ってしまった。

6月1日の作戦は、「難しくて爆撃できなかった地域」を爆撃するという困難な作戦になる。

それまでの大都市への空爆は、とにかく大きな火災を発生させて拡大させるために最も有効な「夜間低高度焼夷弾爆撃」だった。しかし、確実にドーナツ状の地域を焼き払うために、「攻撃目標の位置確認のため、正確な爆撃は夜間攻

撃よりも白昼攻撃のほうがよい結果が得られる」として、高度４０００～７０００メートルから爆撃する「白昼中高度焼夷弾爆撃」に切り替えられた。

白昼の空爆は、レーダー頼みの夜間の空爆よりもはるかに目標を定めやすいし、被害状況も把握（はあく）しやすい。大阪はドーナツ状に攻撃目標地域が広がってしまっていただけにしかたない面もあっただろう。

しかし白昼の空爆は、敵の対空砲火の命中度を高めてしまうし、迎撃機から攻撃されやすくなる。「敵が見やすくなる」ことは「敵に自分をさらけ出す」ことにもなる。

日本軍の迎撃に備えるために米軍は、Ｐ51戦闘機１４８機でＢ29を護衛することにした。

しかしこの日の米軍にとって、敵は対空砲火や迎撃機だけではなかった。

梅雨前線が停滞する太平洋上は、海も空も大荒れだった。

護衛のＰ51はまともに荒天（こうてん）に巻き込まれた。

「視界がまったくきかない」

「天候はひどく大雨、雪、氷というように大荒れ」

「Ｐ51はバラバラに散らされた」

小型の戦闘機にとってはあまりに過酷な飛行だったことが、作戦後の報告からうかがえる。

3分の2の94機が途中で引き返したが、その途中で27機が遭難（そうなん）し、26人が行方不明になった。荒天を押して大阪上空に達した戦闘機には被害がなかった。安全を期して途中で引き返した機に多くの遭難が起こったというのだから、なんとも皮肉な結果になった。

当然のことだが、B29も梅雨前線に翻弄された。搭乗員のレポートが生々しい。

「悪天候で混乱が生じた」
「爆撃手の窓が凍結した」

飛行をつづけるのがやっとの状態で、編隊はバラバラになってしまった。

雲上からのレーダー爆撃で目標を大きく外す

梅雨前線を抜け出してようやく大阪上空に到着しても油断できなかった。上空の雨雲は目まぐるしく変化した。厚い雲に覆われて地上がまったく見えない地域と、地上をはっきりと視認できる地域に分かれた。

3割の米軍機は目視による爆撃ができなかった。精度の低いレーダーに頼って、雲上からの焼夷弾投下を強いられた。

この日の爆撃の目標は、大阪湾岸部の住宅・工場混在地域と、大阪市の北部の住宅地域だった。

偶然雲がきれいに切れた大阪湾岸部は、爆撃中心点に沿って集中的に焼夷弾が投下されたため焼け野原になった。大阪港は破壊率が85％に達した。

一方で、雲に覆われてレーダー爆撃を強いられた地域は、爆撃中心点から大きく外れたり、集中的に焼夷弾投下ができなかったりした。火災は限定的で、まだら模様の爆撃になってしまった。

矢森さんの自宅があった地域もレーダーによる空爆で被災した可能性が高い。B29を目撃することなく、焼夷弾の凄まじい落下音がことのほか記憶に残るというのは、厚い雨雲を通した爆撃だったからだ。

空爆の決め手となる天気予報が大外れ

米軍が日本軍の迎撃や対空砲火と並んで重要視したのは、「気象観測」だった。〈作戦任務報告書〉では、事前の気象予測と実際の天候について詳細なレポートを掲載し、作戦にどのような影響があったのか検証している。

爆撃機や戦闘機の性能は次第によくなっていたとはいえ、まだまだ気象の大きな変化には対応しきれていなかった。悪天候の際に使うレーダーも精度が低く、目視の悪さをカバーできるほどの性能には達していなかった。

米軍は、本土空爆が本格化すると、毎日のように気象観測機を飛ばし、日本本土の天候を調査している。

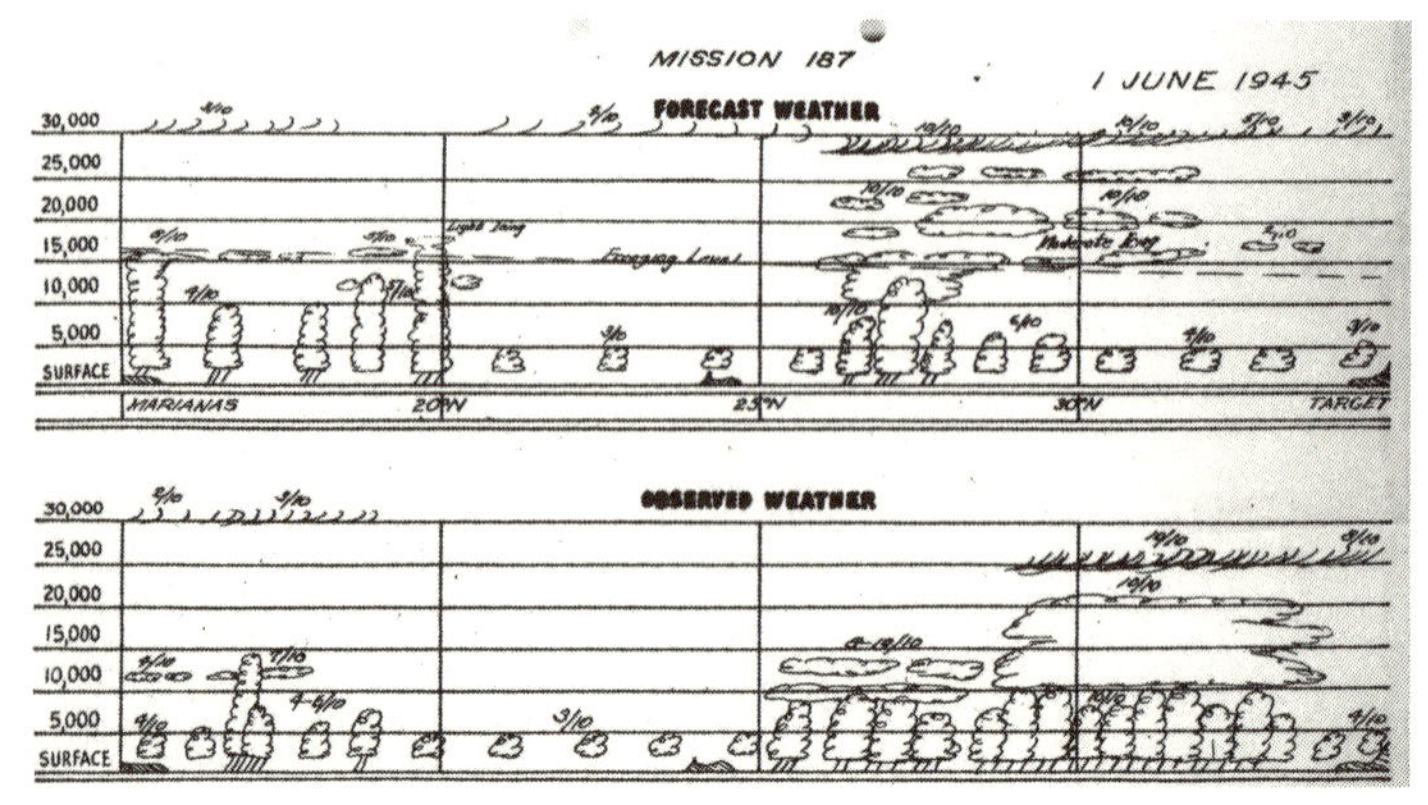

図版１－９　〈作戦任務報告書〉187号に添付された６月１日の天気の予測と実際の比較図。左端がマリアナ基地、右端が大阪で、航路に沿って地上から上空３万フィートまでの雲の状況を記している。上図が予報で下図が実際の図。大阪へ向かう途中から予報をはるかに超える厚い雲が発生していたことがわかる

６月１日の大阪空爆をまとめた〈作戦任務報告書〉１８７号で、気象観測はどのようにまとめられているのだろうか。

報告書には毎号、付録として膨大なデータが添付されている。その付録のなかに「天候」の項目があり、天気概況、天候予測と実際の天候の比較図、天気予報図、天気図がまとめられている。

マリアナ基地から大阪までの地点ごとに、予測と実際の天候が記された図を見ると、航路の途中から予測を大きく上回る厚い雲に遭遇していたことがわかる。

天気の予測と実際の比較図を見れば一目瞭然だ（図版１－９）。左端がマリアナ基地、右端が大阪で、航路上の天候を地上から上空３万フィート（約９０００メートル）までの絵図にまとめている。上図の予報を見ると、前線付近に雨雲は見られるもののそれほど悪天候とまではいえない。しかし下図の実際の天候について見ると、上層から下層まで厚い雲がぎっしりと出ていて、相当な荒天だったことがわかる。

予報が大きく外れ、想像をはるかに超える厳しい飛行だったことがわかる。

大阪上空は比較的雲量が少なかったとはいえ、大阪への初の白昼焼夷弾攻撃は、目標上空に到着するまでに荒天に振り回され、想定していた効果を上げることが難しかったと推測できる。

結局、この日の被災面積は８・４平方キロにとどまった。

３月14日の夜間空爆より１８４機も多いB29爆撃機４５８機で攻撃し、１０００トン以上多い２７８９トンもの焼夷弾を投下した。当初はこの空爆で、前回破壊できずドーナツ状に残った住宅地を焼き尽くすことが目的だった。しかし期待したほどの被害を与えることはできなかった。


疎開先の松江で納屋住まいがはじまった矢森さんには、梅雨の悪天候が自宅を焼かれた原因だったとは知るよしもなかった。

弁当を持っていけず、昼休みになると走って帰って薄いおかゆを食べた。

「腐りかけたイモでも喜んで食べましたよ」

靴は買えず、真冬でも下駄（げた）で過ごした。

「下駄の歯に雪が詰まって歩けなくなると裸足（はだし）で歩きました」

慣れない不自由な生活がつづいた。

大阪に戻れたのは７年後だった。

4　なぜうちが狙われたのか

6月7日　大阪府豊中市

田園地帯に投下された1トン爆弾

大阪で空襲を経験した人がしばしば口にするのが「1トン爆弾」だ。その凄まじい破壊力は多くの人の脳裏に焼きついている。

1トン爆弾が投下されたのは大阪だけではない。堅固(けんご)な建屋(たてや)が多い軍需工場や軍事施設を瞬時に破壊する爆弾として、米軍は全国各地で使用した。

にもかかわらず、特に大阪では、空襲を1トン爆弾の恐怖と直結させて記憶している人が飛び抜けて多い。

なぜなのだろうか。

実際に1トン爆弾の威力を目(ま)の当たりにした被災者と、米軍資料に記された事実を比べながら真相を探ってみたい。

1945年6月7日。大阪は3回目の大規模な空襲に見舞われた。ただ、これまでの2回の大空襲とは少し様相が違った。米軍は、大阪への空爆では初めて1トン爆弾を使用したからだ。

1トン爆弾の攻撃目標は、東洋最大規模の軍需工場といわれた大阪陸軍造兵廠(ぞうへいしょう)。大阪城に隣接するように工場群が広がっていた。工場敷地の真ん中を国鉄城東線(じょうとうせん)（現JR大阪環状線）が走るほど、広大な工場だった（117ページ図版1－23参照）。

〈作戦任務報告書〉（Tactical Mission Report）189号を見ると、1トン爆弾を使用するのは大阪造兵廠への爆撃に限られており、住宅地は対象になっていない。1トン爆弾で造兵廠を攻撃すると同時に、焼夷弾で住宅地を焼き払おうという少し欲張った作戦だった。

第3次大阪大空襲と呼ばれるこの日の空襲は、午前11時すぎから1時間半にわたった。B29爆撃機409機が、爆弾と焼夷弾計2600トンを投下した。大阪府警察局の調べでは、死者2759人、負傷者6682人に上り、5万8000戸が焼け、20万人が被災した。大阪市北部や豊中(とよなか)市の5・7平方キロが被害を受けた。

ただ、1トン爆弾は造兵廠から10～20キロも離れた田園が広がる郊外で多数落とされている。いまだに「なぜうちが狙われたのか」と疑問を抱く被災者が多い。

初めて1トン爆弾の洗礼を受けた大阪で、「なぜうちが狙われたのか」との疑問を解明できないだろうか。

当時、国民学校4年だった中倉清さん（大阪府豊中市箕輪在住）が、自身の体験を赤裸々に話してくれた。

「もっと大規模な軍事施設や工場があるのに、なんで……」

閑静な住宅街にある中倉さんの自宅でお話をうかがった。いまでこそ、豊中市は住宅が建ち並ぶ大阪のベッドタウンだが、1945年当時は、田んぼや畑が広がるなかに集落が点在する静かな田園地帯だった。空襲警報のサイレンがしばしば鳴り響くとはいえ、実際の空襲からはまだ少し距離があった。

中倉さんの父親は出征しており、母親、幼い弟2人らと暮らしていた。

6月7日朝。空襲警報が出たため、自宅の庭に造ってあった防空壕に避難していた。

それはあまりに突然だった。

耳をつんざくような大音響とともに、直下型の大地震に襲われたと思うほどに防空壕が揺れた。そして「ザーッ」という凄まじい音と振動がつづいた。薄暗くて狭い防空壕の中では、何が起きているのかさっぱりわからなかった。このままでは防空壕がつぶれるかもしれない。これほどの恐怖はなかった。

「ここにいたら危ない」と言う母親とともに、恐る恐る壕を出た。自宅の南側に竹やぶがあった。「竹林は揺れに強い」と母親は言う。わらにもすがる思いで竹やぶに駆け込んだ。

図版1－10　6月7日の空爆で1トン爆弾が投下された豊中市では、多数の家屋が全半壊し、地面に大きな穴が開いた（豊中市南刀根山〔現刀根山〕、1945年6月撮影、毎日新聞社）

竹やぶの中で頭を抱えて小さくなっていた。ところが揺れに強いはずの竹やぶの中は、防空壕の中にいる以上に激しく揺れた。揺れただけではない。轟音（ごうおん）とともに、ものすごい量の土や石が中倉さんらに降り注いできた。

「あわてて壕に戻りました。ほんまに怖かった」と話す。

当時の記憶はあまりに生々しい。中倉さんの顔が何度も曇（くも）った。

翌日。

数百メートルほど南に1トン爆弾が何発も落ちていたことがわかった。大量に降り注いだ土砂を踏みしめて見にいくと、見慣れていた景色が一変していた。

「えらいことになっていました。家は跡形もなくぐちゃぐちゃ。大きな穴がいくつもできていました」と当時を振り返る。

1トン爆弾の凄まじい威力を目の当たりにすると、自宅がその被害から免れたのは奇跡のように感じた。家ごと吹き飛ばされるかどうかは紙一重だった（図版1－10）。

点在する集落と田んぼしかない地域が、なぜ1トン爆弾の標的になったのだろうか。

中倉さんは「近くにある高射砲陣地か、もしくは伊丹の軍需工場を狙ったと思っていました」と言う。「近くの大阪第二飛行場（現伊丹空港）を狙って外れたと言う人もいました」とも話す。

大阪第二飛行場は陸軍の大正飛行場（現八尾空港）と並んで、大阪を守る防空飛行場の役割も持っていた。中倉さんも戦時中、自宅の近くに大きな網をかけてカモフラージュした戦闘機が何機も隠されているのを目撃していただけに、1トン爆弾の標的になってもおかしくないと感じた。

「それにしても」と思う。

「ほかにももっと大規模な軍事施設や工場があるのに、なんで……」

1トン爆弾の直撃を免れた8日後、今度は大量の焼夷弾が落ちてきた。

防空壕に避難していた中倉さんは、8日前とは違う土砂降りの雨が降るような音を聞いた。ザーッという音がしたかと思うと防空壕の中に煙が入ってきた。

「何があったのかと外に出ると周囲はすごい煙に包まれていました。そして激しい炎があちこちで上がっていました」

手のほどこしようがなく、中倉さんの自宅は焼け落ちてしまった。

中倉さんはわずか10日足らずのあいだに、1トン爆弾と焼夷弾の両方の恐怖を経験させられたことになる。

「なぜうちが狙われたのか」

わだかまりが消えることはなかった。

報告書の記載「この爆撃の正確さは不明である」

米軍は６月７日、大阪をどのように空爆しようとしていたのだろうか。

あらためて〈作戦任務報告書〉１８９号を確かめてみよう。

爆撃計画には次のように記されている。

「焼夷弾はおもに住宅地域を攻撃するのに最適だろう」

「大阪陸軍造兵廠攻撃に対しては１トン爆弾が選ばれた。レンガとコンクリート製の造兵廠の主要な建造物の破壊には最も効果的と考えたからだ」

１トン爆弾の投下目標が大阪造兵廠に限られていたのは明らかだ。

この日の空爆にはマリアナ基地の４つの航空団が参加した。それぞれの航空団は４つのグループに分かれて、それぞれ空爆する地域を割り当てられている。各飛行団の先頭集団である第１グループの計約100機は、造兵廠に対して1トン爆弾を投下する。つづいて第2～第4グループの計約300機が、大阪市北部から東部の住宅地域を中心に焼夷弾を投下することになっていた。焼夷弾を先に投下すると激しい煙で視界が悪くなるため、最初に1トン爆弾で造兵廠を攻撃してから焼夷弾攻撃をおこなう手順だった。

中倉さんが「1トン爆弾に狙われたのではないか」と指摘した高射砲陣地や伊丹の軍需工場は、この日の攻撃目標ではない。そもそも米軍の本土空爆の爆撃計画のなかで、高射砲陣地が攻撃目標になったことはなかった。B29のような小回りの利かない大型機が高射砲陣地の真上に現れたら、逆に絶好の標的にされてしまう。

大阪第二飛行場もB29の爆撃目標になったことはなかった。飛行場は米海軍機の攻撃目標とされていた。また、足の遅い大型爆撃機は、飛行場の戦闘機の迎撃を容易に受けてしまいかねないため、九州の特攻機の出撃基地などを除けば飛行場が爆撃目標になることは多くなかった。

当然のことながら、地域として豊中市への1トン爆弾投下が命令されていたわけではない。

解明のカギになるのはこの日の天候だ。6月7日は荒天に悩まされた6月1日と同様に、典型的な梅雨空だった。

〈作戦任務報告書〉189号には、大阪上空の天候が克明に記録されている。

図版1－11　6月7日の空爆後に米軍が撮影した写真。左上から右斜め下に延びている上のほうの白い線が国道176号で、中央から右へ寄ったあたりが阪急豊中駅。点々とした白い部分が1トン爆弾の被害を受けた地点で、広範囲に広がっていることがわかる。〈空襲損害評価報告書〉より

「目標上空には視界をさえぎる雲が生じていて、爆撃はすべてレーダーによっておこなった」

「上空の雲量は10分の10（雲が上空を100％覆っている）から10分の8（雲が80％覆っている）。上空4800メートルに雲頂が達する中層雲があり、散在する上層雲と中層雲の切れ目から下層雲が見えた」

大阪の上空5000メートル付近は厚い雨雲に覆われていて、市街地はまったく視認できなかった。大阪は梅雨の厚い雲が低く垂れ込める悪天候だったことがわかる。したがって爆弾も焼夷弾も、すべてレーダーによって照準を合わせて雲上から投下された。

悪条件のなかでの空爆について米軍は報告書に「この空爆による爆撃の正確さは不明である」と正直に記している。地上の被害状況を確認することができず、どこに爆弾や焼夷弾が落ちたのかほとんど把握できていなかった。

後日、上空から撮影した写真の解析で被害状況をまとめた〈空襲損害評価報告書〉(Damage Assessment Report) 90号で6月7日の空爆の成果を詳細にレポートしている。焼夷弾による焼失面積は2・21平方マイル(5・7平方キロ)だった。目標値には遠いもののそれなりの成果を上げた(図版1－11)。

問題は大阪造兵廠だった。

与えた損害は「バラックの建物12棟、小型建物2棟」にすぎなかった。おもな工場建屋にほとんど被害はなく、ほぼ無傷だった。第1回となる大阪造兵廠への1トン爆弾による空爆は、完全に失敗だった。

目標から20キロも外れた地点で投下

攻撃目標の大阪造兵廠が無傷に近かったということは、投下した1トン爆弾は、造兵廠以外の地域に落ちたことになる。
いったい、どこに落としたのだろう。

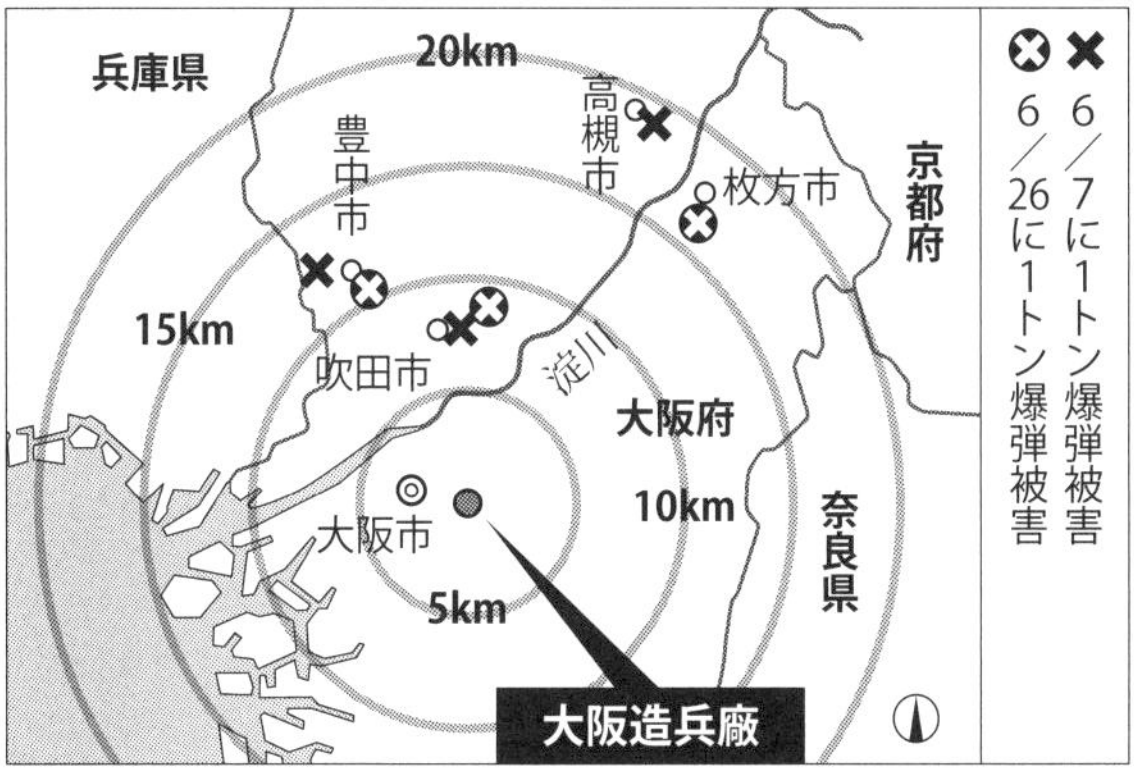

図版1－12　6月7日に1トン爆弾被害があった地区。大阪造兵廠から遠い地域にも投下されている。6月26日の空爆にも同じ傾向がみられる

大阪府警察局がまとめた大阪市以外の被害について見てみよう。いずれも爆弾による被害となっており、1トン爆弾による被災に間違いない。

豊中市では５４１人が犠牲になり、５５３戸が全壊した。隣接する吹田市では28人が亡くなり35戸が全壊、池田市では死者３人、高槻（たかつき）市では死者２人と記録されている。

高槻市にいたっては、大阪造兵廠から20キロも離れている（図版1－12）。「持って帰るのは危険だし、燃料も余分に使ってしまう。適当に落としてしまえ」と投下されたのだろう。

同じことは6月26日の第5次大阪大空襲でもいえる。この日はB29が大阪造兵廠を目標に1トン爆弾を投下したが、大阪上空は厚い雲に覆われていたため、すべてレーダー爆撃になった。造兵廠から10～20キロ離れ

た地点に落ちていることがわかる。

いずれも大阪府の北部地域で、大阪造兵廠の北側にあたる。大阪湾を横断して陸地に入ったが、厚い雲に阻まれて照準が取れなくなってしまい、大阪北部地域で投下したと考えるのが順当だろう。

もう一つ、興味深いデータがある。

1990年以降に大阪府内で発見された1トン爆弾の不発弾の発見地点のデータである。計18発が見つかり処分されている。大阪造兵廠からの直線距離別にまとめた（発見年月と発見場所、豊中市以外はすべて大阪市内）。広範囲で多数見つかっていることがわかってもらえるだろう。

▽造兵廠から2キロ以内
1994年9月　城東区天王田(てんのうでん)
1996年4月　城東区鴫野西(しぎのにし)
1998年5月　東成区中道(ひがしなりなかみち)
1999年11月　東成区中本(なかもと)
2000年2月　城東区森之宮(もりのみや)
2010年8月　城東区森之宮
12月　中央区森ノ宮中央(もりのみやちゅうおう)

▽造兵廠から2～4キロ
1991年2月　西区靭本町（うつぼほんまち）、西区土佐堀（とさぼり）
1992年10月　都島区（みやこじま）
1995年6月　旭区高殿（たかどの）
2003年9月　天王寺区（てんのうじ）上汐（うえしお）
2005年4月　中央区南本町（みなみほんまち）
2008年6月　北区長柄東（ながらひがし）
2015年3月　浪速区日本橋西（にっぽんばしにし）

▽造兵廠から6キロ以上
1994年5月　豊中市刀根山（とねやま）
　　　7月　鶴見区安田（やすだ）
1998年11月　豊中市玉井町（たまいちょう）

2キロ以内は「外れた」といえる距離だろう。2～4キロとなると「外れた」といいがたい距離になる。6キロ以上となると造兵廠とはまったく無関係に落とされたと考えていいだろう。

もちろんこれがすべて6月7日や26日に投下された1トン爆弾というわけではない。しかし、造兵廠を狙ったはずの爆弾の一部がいかに「大きく外れていたか」がわかってもらえるだろう。

大阪空襲についてくわしい大阪電気通信大学名誉教授の小田康徳さんは「造兵廠を狙い10～20キロも外れることはありえない」と断言する。

「悪天候をついてやっとの思いで日本本土にたどり着いた。目標を定められず探していたら、街らしきものが見えたから『ここでいいや』と適当に落としたのではないか」と見る。

大阪の空襲体験者のなかに1トン爆弾を記憶している人が多いのは、東洋最大級の軍需工場である大阪造兵廠と、梅雨空に翻弄される米軍の爆撃機が原因だった。

付近には軍需工場も軍事施設もなかったのに「なぜうちが狙われたのか」と、いまだに不思議に感じている被災者は意外と多い。

米軍が適当に落とした爆弾や焼夷弾が、多くの命を奪い、多くの街を破壊していったとしたらとてもやりきれない。

5 エレクトロン焼夷弾の投入

6月15日　大阪市

大都市焼夷弾爆撃フィナーレの地・大阪

1945年3月10日の東京大空襲を皮切りに、大都市の住宅地域を次々と焼け野原にしていった大規模な焼夷弾空爆は、6月15日の大阪への空爆で一つの区切りとなる。

日本の六大都市のうち、京都を除く東京、大阪、名古屋、横浜、神戸は、ほぼ壊滅した。米軍はこの後、日本本土空爆の方針を地方の中小都市の焼夷弾爆撃と、軍事施設のピンポイント爆撃へと転換する。

6月15日の大阪は、大都市への焼夷弾爆撃のフィナーレの舞台となるとともに、明治以来、日本が育ててきた近代都市機能に最後の一撃を加える節目の地となった。

なぜ、大阪がフィナーレの舞台となったのか。

B29による本土空爆の中核となった米第20航空軍の〈作戦活動報告〉(Combat Operations Journal) や、第21爆撃機軍団の〈空爆情報報告〉(Air Intelligence Report) の記述を追っていくと浮かび上がってくる。

3月の夜間空爆で、住宅密集地である大阪市の中心部をほぼ焦土（しょうど）としたのは「成功」だった。しかし、中心部を完全に焼き払った結果、その周辺がきれいなドーナツ状に焼け残ってしまった。

6月に入って米軍は、ほぼ1週間おきに3回に分けて、のべ1300機以上のB29爆撃機で大阪を攻撃した。大阪のような大都市に対して、これほどの短期間に、大編隊を使い、くり返し白昼の空爆をおこなうのは異例中の異例だった。それでもドーナツ状に焼け残った地域を完全に焦土とすることはできなかった。

技術的に難しい空爆であったのは事実だが、太平洋上の梅雨前線や、雨雲が垂れ込める悪天候が大きく影響したことが、報告書から読み取れる。

そしてフィナーレにも、荒天が大きく立ちはだかった。

「正面から飛んできたB29が爆弾を落とすのが見えた」

6月15日の焼夷弾空爆は、第4次大阪大空襲と呼ばれている。

午前8時40分頃から2時間にわたり、B29爆撃機444機が焼夷弾3150トンを投下した。大阪市北西部、東部や隣接する兵庫県尼崎（あまがさき）市の6・4平方キロが焼失し、470人が死亡、17万6000人が被災した。

当時、大阪府立北野中学（旧制）の1年だった中原敏雄さんの証言を聞きながら、6月15日をたどってみよう。

中原さんが現在暮らしているのは滋賀県近江八幡市。小学生時代に学童疎開で半年間過ごした土地だ。

高校の音楽教師だった中原さんは、退職後は大阪を離れて近江八幡で暮らすことを決意した。「なんで疎開していたところへ行くんだ」といろいろな人に聞かれたという。

戦時中に学童疎開を経験した人たちの思い出は、決してよいものだけではない。腹が減った、寂しかった、シラミに悩まされた、いじめられた……。

「忘れてはいけないと思う半面、嫌なことは忘れてしまおうという気持ちもあったはずです。半年間に何があったのかしっかりと覚えておきたいと思いました。近江八幡はいちばん強烈に記憶に残っている土地ですから」

疎開先になっていた寺院のすぐ近くの小学校で毎年、平和学習の時間に疎開体験を話している。「子供たちはよく聞いてくれるし、よく質問もしてくれます」と目を細める中原さんから3時間以上かけて、自身の空襲体験と、平和への思いを聞いた。

1945年4月、北野中学に入学した中原さんが強烈に覚えていることがある。教頭か学年主任だったか記憶があいまいだが、「北野に入ったのだからジェントルマンになれ」と話し、黒板にGENTLEMANと書いた。

「いきなり敵国語なんでびっくりしました。英語の授業がなくなった学校が多かったようですが、北野中は英語の授業がありました」

ほどなく、英語に限らず、授業の多くの時間が疎開家屋の取り壊しや農園作業、軍事教練に費やされることになった。

学校の風景は一変した。

3年生以上は勤労動員で学校におらず、ふだんは1、2年生だけ。空き教室は机や椅子が運動場に出され、兵士の宿舎になってしまった。空襲警報が発令されたら1年は帰宅し、2年は校舎防衛に当たることになっていた。

「電車が止まるので歩いて帰ることになります。途中で空襲がはじまることがありました。大阪駅の前の竪穴(たてあな)の防空壕(ごう)に入っていたとき、正面から飛んできたB29が爆弾を落とすのがはっきり見えました。直撃されると覚悟したら、幸いにも後ろに落ちたということもありました」

そして6月15日。

登校したとたんに空襲警報が発令された。中原さんは、国鉄(現JR)森ノ宮駅のすぐ近くにあった自宅にとんぼ返りすることになった。

森ノ宮駅で電車を降りたとたんに、焼夷弾がバラバラと落ちてきた。そばにあった消防署の前の溝に飛び込んでやり過ごした後、自宅に駆け込んだ。

自宅に戻ってしばらくすると1発の焼夷弾が6畳間に落下した。夢中で消し止めた次の瞬間、数えきれない数の焼夷弾が屋根を突き抜けてきた。

いっせいに炎が上がり、どうしようもなかった。消火のために使っていたバケツだけを手に避難した。気がつくと森下仁丹（じんたん）の工場の敷地（現大阪市中央区玉造（たまつくり））まで逃げていた。

周囲は火の海。猛火が生み出す猛煙のせいで、まだ昼間だというのに周囲は薄暗かった。夕方になって、煙が晴れてようやく明るくなってきたので自宅に戻ってみた。自宅は跡形もなく燃え尽きていた。

「これで焼け出された人たちと一緒になったとホッとしたのを覚えています」とは言うものの、「読むのを楽しみにしていた文学全集がそのままの形で灰になっていて悲しかったですね」と中原さんは顔を曇らせた。

先輩を直撃した焼夷弾

紙不足で中学の教科書は配給がなかった。

中原さんは同じ国民学校を卒業した１学年上の先輩の池田彰宏さんから教科書を譲ってもらっていた。同じ国民学校の卒業といっても、特に親しいわけではなく、直接話をする機会もなかった。先輩から教科書を譲ってもらうのは普通のことになっていた。

ところがその池田さんはこの日、夜警明けで校舎防衛をしている最中に焼夷弾の直撃を受けて亡くなってしまった。

大阪府立北野高校同窓会会報「六稜会報」の第31号に、池田さんをしのんで次のようなコラムが掲載されている。全文を引用する。

東京書籍発行の中学教科書「歴史」の「戦争体験を聞いてみよう」と題したページに次の一文が収録され、北野の校庭にある「殉難乃碑」の写真が添えられている。

のこされたパンとお米

6月14日の朝、登校するのにゲートルを巻きながら「今夜当番をして明日朝帰ったら、お母さんにパンをとってきてあげるよ」と言いますから「それはどうしてなの」と聞きますと、「一晩中夜警をするから、パンの配給になる」といいます。

「またそんなことを言う。一晩中夜警をするので下さるパン。必ず食べなんだら、まさかのときにお役に立たない。必ず食べなさい」と言ったら、笑いながら「もう一つ良いことがある。今日からお米の配給があるのでそれもあげられる」とうれしそうに挙手の礼をして「行ってきます」と出かけました。これが私との最後でした。

死んだとき、私が学校でかれのかばんを見ましたら、パン2個とハンカチにつつんだお米が入っていました。

ここには人名・校名の表記はないが、大阪大空襲で学校防衛中に死亡した池田彰宏さんのことである。（編）

中原さんの自宅は全焼したが、教科書は奇跡的に手元に残っていて無事だった。池田さんの貴重な遺品となってしまった。

北野中学ではこの日、池田さんともう一人の生徒が命を落としている。中原さんが戦後も大切に保管した池田さんの教科書は、復刻版が作成され、多くの人に見てもらえるようになった。

池田さんの向学心がそのまま表れているかのように、教科書の随所に書き込みが残っていた。復刻版ではその書き込みも一切修正されずに残っている。

「学びたくても学べずに亡くなった人の思い」を伝えつづけている。

悪天候で爆撃機の１割以上が目標に到達できず

６月15日の空爆をまとめた〈作戦任務報告書〉（Tactical Mission Report）２０３号を見ると、悪天候のなかで空爆を強行したことがわかる。６月１日と７日の空爆も荒天（こうてん）を押しての空爆だったが、同じような状況だった。

「ガラス窓に氷が付着したことが最も大きな障害になった。臨機目標を爆撃した飛行機はこの氷が危険な状態になったためだ」
「目標上空は10分の10の雲（上空は完全に雲で覆われていたことを示す）が存在した」
「戦闘機の護衛は荒天のため中止された」
「第１目標（大阪・尼崎）を爆撃した４４４機は全機が目視爆撃をおこなわずレーダーを使った爆撃になった」

臨機目標とは、トラブルなどで第1目標が空爆できないとき、臨機応変に目標を変更することが認められていたことをいう。

悪天候と上空の冷たいコンディションで大阪に到達することができず、途中で引き返したり、臨機目標を攻撃せざるをえない爆撃機が多数出た。マリアナ基地を出撃したB29爆撃機は５１１機にも上ったが、実際に大阪・尼崎の第1目標を攻撃できたのは４４４機だった。1割以上の爆撃機が目標地域に到達できなかったというのは異例のことだ。

一方で、悪天候は米軍に不利だっただけではない。日本側にとっても効果的な迎撃ができなかったという点で不利は同じだった。

「対空砲火が無意味であったのは10分の10の雲が原因であったことは疑いない」
「10分の10の雲のため敵戦闘機の迎撃がなかった」

ただ、〈作戦任務報告書〉には「この日は別の都市を攻撃することになっていたが、その地域の天候がよくなかったため、大阪・尼崎への攻撃を実施することになった。大阪地方の天候は良好であるという予報に基づき6月15日の攻撃が決定された」と記されている。

予報は見事に外れ、出撃した爆撃機は悪天候に翻弄(ほんろう)されることになった。日本本土への空爆にあたり、天候観測がいかに重要だったかが推測できる。

まだら模様の焼け跡となった不満足な結果

この日の空爆で米軍は、国鉄鶴橋(つるはし)駅付近、天王寺駅東側、大阪市西淀川(にしよどがわ)区、兵庫県尼崎市西本町(にしほんまち)、同市長洲(ながす)を爆撃中心点とした。焼け残っていた大阪市南東部、北西部、尼崎市を徹底的に焼き払うのが目的だった。

連日の大都市への空爆で油脂(ゆし)焼夷弾が十分に調達できなかったようだ。この日はエレクトロン焼夷弾がメインになる。

エレクトロン焼夷弾はテルミット・マグネシウム焼夷弾ともいう。アルミニウム合金の容器にテルミット（酸化鉄とアルミニウム粉の混合物）を詰め、化学反応で起こる高熱で外側のマグネシウムを燃焼させて火災を起こす。２０００度を超す高熱の火柱が一気に噴き上がり、建物を一瞬のうちに炎で包み込んだ。水をかけるとかえって燃焼が拡大するやっかいな焼夷弾で、消火活動を攪乱(かくらん)させる目的も併せ持っていた。

もともとは、コンクリートや石材が多いヨーロッパでの使用を念頭に開発された焼夷弾だった。高熱で堅固(けんご)な建物を破壊できた。

木造家屋の多い日本の住宅密集地では、油脂焼夷弾と比べると延焼効果が低くなる可能性がある。米軍は「住宅地に対して（エレクトロン焼夷弾は）最良のものではないが、代用としてはよい爆弾である」と、その効果が油脂焼夷弾よりも多少劣(おと)ることを認めている。

しかし、連日の日本各地への空爆で、油脂焼夷弾の供給不足が深刻だった。また、ドイツの降伏により、ヨーロッパ戦線で使用していたエレクトロン焼夷弾を日本空爆に回すことができるようになった。とにかく手持ちの焼夷弾をかき集めて、燃えるものはすべて焼き払うことが米軍にとっては大切だった。

この時期、米軍の日本本土への空爆はさらに厳しさを増した。沖縄戦が6月下旬に実質的に終結すると敗戦の8月まで、連日のようにB29が日本各地に来襲し、艦載(かんさい)機の攻撃も加えると1000機あまりの米軍機が本土上空を自由気ままに飛び交った。

6月15日の空爆で米軍は、それまでの大阪への空爆のなかで最大となる3150トンの焼夷弾を投下した。にもかかわらず、悪天候にレーダー爆撃、代用の焼夷弾のせいなのか、それまでの空爆のなかで最小面積となる6・4平方キロを焼失させたにとどまった。

米軍には不満足な結果だったにちがいない。〈空襲損害評価報告書〉（Damage Assessment Report）99号に添付された損害評価図を見れば、中心部が真っ黒に塗られて焼け野原になってい

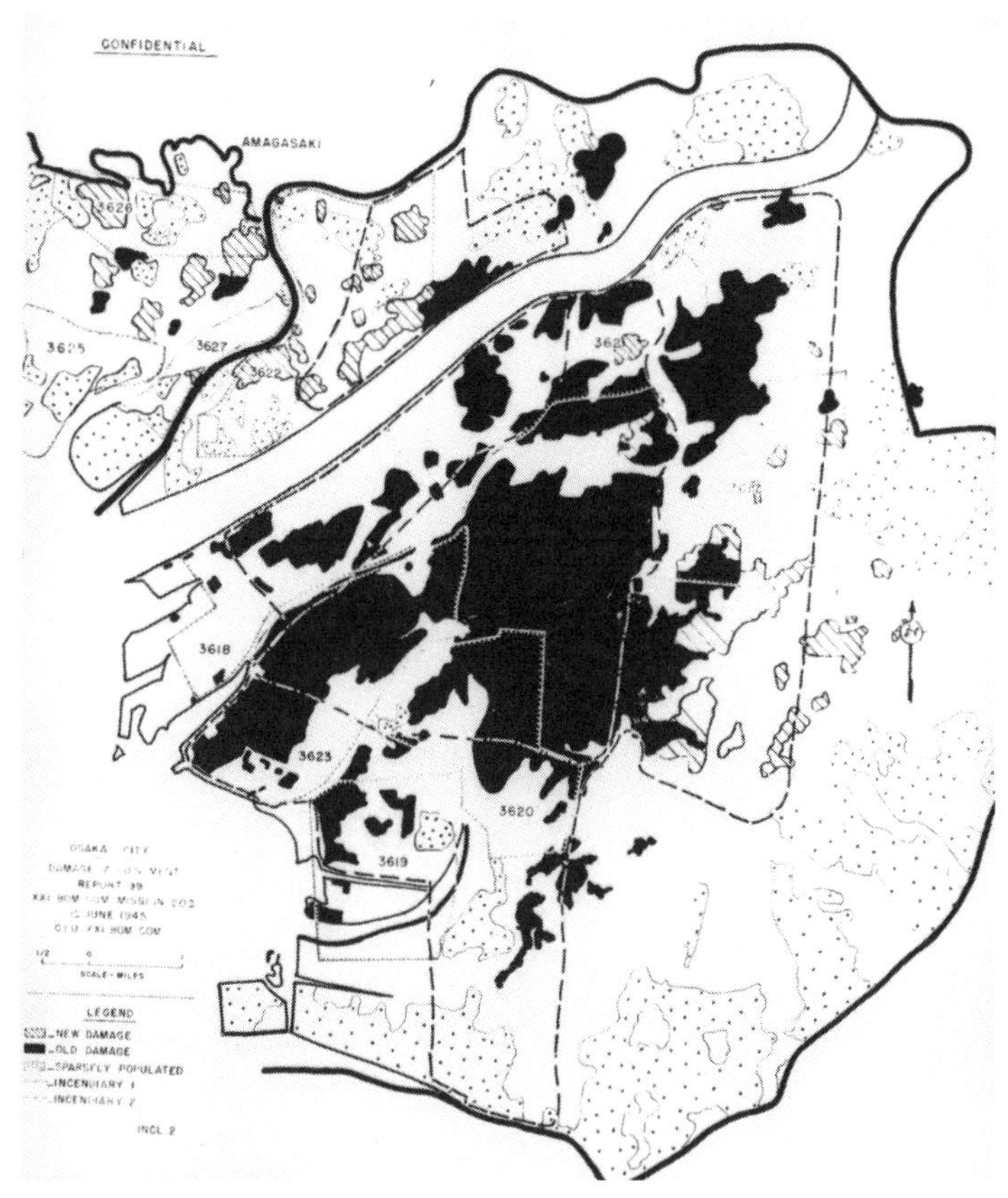

図版1－13　〈空襲損害評価報告書〉99号に添付された、焼失地域を示した地図。右上から左下方へ流れる白い帯は淀川。黒塗り部分がそれまでに被害を受けた地域で、まだらにある斜線部分が6月15日の焼失地域

るのに対し、周辺部の住宅地で焼失した地域は斜線部が点在しているのがよくわかる。まだら模様の焼け跡が広がったままだった（図版1－13）。


避難先で玉音放送を聞いた中原さんは、3歳年上の兄と阿部野橋（あべのばし）駅付近まで出かけた。丸腰の兵隊がしょんぼりとした表情でトボトボと歩いているのが見えた。

「ほんまに戦争終わったんや」

その後、自宅の焼け跡を訪れた。兄と2人で寝転んで、しばらく空を眺めていた。銀色の翼をキラキラと光らせたB29が音もなく飛んでいった。

もう爆弾も焼夷弾も落とさない。

逃げなくてもいい。

中原さんはじわりと平和を実感した。

「兵隊に行かんでよくなったんや。これで死なんでいいんや」

６　まさかの急襲

７月10日　堺市

太平洋上からも見えた巨大な火炎

太平洋戦争が敗戦を迎える約１ヵ月前の１９４５年７月10日未明、堺市は焼夷弾による空爆で壊滅した。

米軍が残したデータや、終戦直後に米軍が直接聞き取りをおこなった被災者の生々しい証言から、「猛火」と「不意打ち」による凄惨（せいさん）な空爆だったことが明らかになった。

堺市へはＢ29爆撃機１２４機が来襲し、７月10日午前1時半から1時間半にわたって焼夷弾約７８０トンを投下した。

当時の堺市厚生課の調査では、１８６０人が死亡し、１万８０００戸が全焼、罹災（りさい）者は７万人に達した。

７月10日の堺空爆の直後、出撃部隊がまとめた〈任務要約〉（Mission Summary）２５８号の

図版1－14　大阪府堺市

〈任務履歴〉には、次のような搭乗員の記述が残されていた。

「堺から320キロ離れた太平洋上でも大きな火災を目撃した」

「煙の柱が上空5000メートル以上も立ち上った」

客観的な事実や数字が並ぶなかで、搭乗員が目撃した様子を詳述するのはきわめて珍しい。並外れた規模の火災を目撃した搭乗員が特別に書き加えたようだ。

この日は堺市の南約50キロにある和歌山市もほぼ同時に空襲を受けている。和歌山市でも市街地で大火災が発生し、大きな被害が出た。太平洋上からはむしろ和歌山市の火災のほうが目撃しやすかったのではないかと思われるが、実際には堺市の火炎のほうが巨大だった。

また、夜間の空爆で立ち上る煙について記しているのも珍しい。地上の猛火に照らし出されてはるか上空に上っていく黒煙の塊に驚愕したのだろう。

それまでに見たことのない情景が、搭乗員の印象に残ったにちがいない。

１００ポンド焼夷弾の大量投下

〈任務要約〉はメモのような速報的な報告であるため、後日詳細をまとめた報告書が作成されている。搭乗員の肝（きも）まで冷やした猛火の原因を、〈作戦任務報告書〉（Tactical Mission Report）２５８号から調べてみた。

堺市に投下されたのは、Ｅ36集束焼夷弾２５６トン、Ｅ46集束焼夷弾１５５トン、Ｍ47油脂焼夷弾３６７トン。

Ｅ36集束焼夷弾とＥ46集束焼夷弾は、６ポンド（２・７キロ）油脂焼夷弾を数十発まとめて収容した焼夷弾で、上空数百メートルで開くと6ポンド焼夷弾が散らばって落下した。現在のクラスター爆弾の原形ともいえるが、目的は少し異なる。数十発の６ポンド焼夷弾をまとめた集束弾が途中で開いて焼夷弾をばらまくことで、短時間に数多く、目標地点に確実に落とすことを目的とした。

Ｍ47油脂焼夷弾は重量１００ポンド（45・４キロ）の超大型焼夷弾で、発火すると家屋1棟を一瞬のうちに炎で包んでしまった。

３月14日の大阪大空襲と比べてみよう。焼失面積当たりでみると4倍近い焼夷弾が投下されたことになる。

大阪大空襲では1平方キロメートル当たり焼夷弾82・５トンが落とされた。一方で、この日の堺には1平方キロメートルに３００トンが投下された。平均すると１００メートル四方に約１００発の6ポンド焼夷弾が降り注いだことになる。

注目すべきは、投下された焼夷弾の半分が１００ポンド大型焼夷弾だったことだ。本来は先導機が爆撃中心点付近に投下して、後続機の投下位置の目印にするマーキングのために使っていた。ところが堺ではマーキングの役割だけではなく、広大な住宅地域を焼き払うために大量に使用された。６ポンド焼夷弾とは比べものにならない強力な火力で、集中して投下された地域はひとたまりもなく大火災に包まれた。

堺空襲の被害について調査分析した〈空襲損害評価報告書〉(Damage Assessment Report) １６４号や、第21爆撃機軍団の〈空爆情報報告〉(Air Intelligence Report) 22号には、上空から撮影した写真が多数含まれている（図版１－15)。

〈損害評価報告書〉１６４号には、最初に投下された１００ポンド焼夷弾が燃え上がる時点の写真が添付されている。米軍の先導機は、現在の南海電鉄堺駅の南東約５００メートルに設定した爆撃中心点付近に、１００ポンド焼夷弾を投下、発生した火災を目印に後続の爆撃機が次々と焼夷弾を投下していくことになる。

写真（図版１－16）は爆撃中心点に近い地点を撮影したとみられる。照明弾の光で明るく照らし出された市街地に焼夷弾が着弾した直後をとらえている。

夜間空爆でこれだけ鮮明に地上をとらえた写真はきわめて珍しい。雲がほとんどなく、上空約

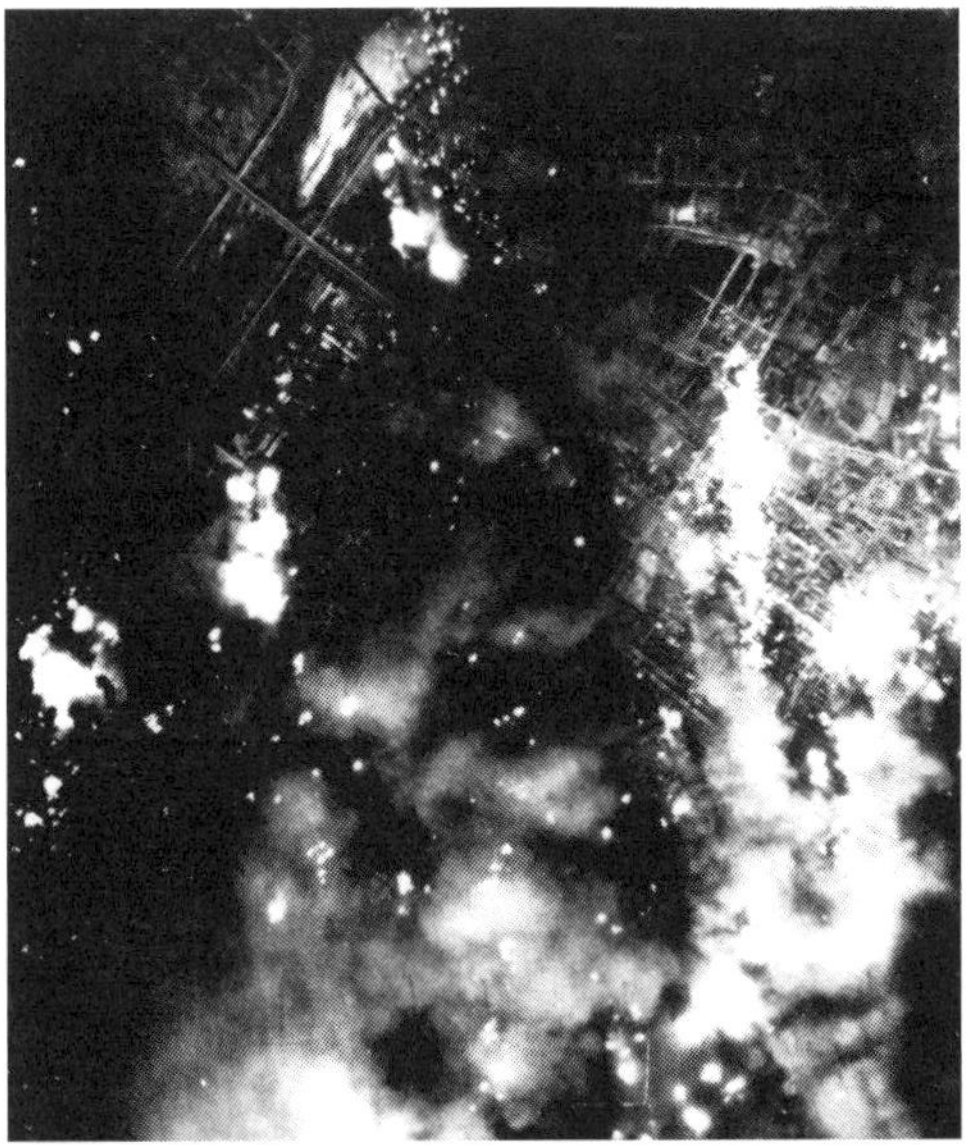

図版1－15　7月10日、100メートル四方に平均約1000発投下された6ポンド焼夷弾が、堺市に大火災を起こした。〈第21爆撃機軍団「空爆情報報告」〉22号より

図版1－16　爆撃中心点付近に最初に投下された100ポンド焼夷弾が炎上している。照明弾の光で明るく照らし出された着弾の直後をとらえた。〈空襲損害評価報告書〉164号より

3000メートルという低空からの爆撃だったことで撮影できたとみられる。

「今夜は和歌山だから堺は大丈夫」

米国戦略爆撃調査団は、日本本土への空爆が日本国民の戦意にどのような影響を与えたか調べるため、1945年末に全国の約3500人に直接会ってインタビューしている。空襲に遭(あ)った被災者からは、その体験とそのときの感情などをくわしく聞き取っている。

このインタビュー記録については、第4章で詳述する。ここでは簡単に紹介しておこう。

〈日本人の戦意における戦略爆撃の効果〔最終報告と原案〕〉(The Effects of Strategic Bombing on Japanese Morale〔final report and original draft〕)のなかに、全国約3500人分の聞き取りメモが大量に残されている。欠落部分もあるが、聞き取り時の手書きメモやタイプ打ちのメモがそのまま保管されており、当時の生(なま)の声がそのまま

図版1－17　100メートル四方に1000発の焼夷弾が落ちた堺市は、跡形もなく焼き尽くされた（1945年7月10日撮影、毎日新聞社）

伝わってくる。

堺の被災者へのインタビュー記録から、空襲体験に関するものを拾っていくと、空襲警報は発令されていたものの、「不意打ち」に近い状況だったことがわかる。

堺を空爆する1時間半前に、米軍は和歌山市を空爆していた。堺から50キロほど離れていたとはいえ、灯火管制のしかれた夜間のことである。和歌山の上空が真っ赤に染まっているのが手に取るように見えたにちがいない。

空襲警報で起こされ、防空壕に避難する夜がつづいていた。おそらく心身ともにクタクタだっただろう。堺市民に「今夜は和歌山だから堺は大丈夫」という根拠のない安心感が広がっても不思議ではなかった。

「その日は和歌山が爆撃されていて、少なくとも私たちは空襲を免（まぬか）れると考えていた。兄と姉は寝ていて、母と私は起きていた。午前1時頃、空襲のサイレンが鳴ったがいつもほど長くなかった。間違いの警報だと思った。私は焼夷弾が落ちる音を聞いた。兄と姉を起こして避難をはじめた」（20歳女性）

「堺が爆撃される前に和歌山が爆撃された。和歌山の炎が見えたので、堺は空襲されないだろうと感じた。だから寝床に入った。数分して焼夷弾が落ちてきて空襲がはじまった。子供たちを起こして外に走り出た。家のまわりは煙と炎が充満していたので、自宅の前で子供たちともに立ち尽くしてしまった」（42歳女性）

「最初和歌山が爆撃された。夜遅かったし体調がよくなかったので早めに寝床に入った。しばらくして突然焼夷弾が落ちてくる音がした。私は蚊帳（かや）を手にして子供たちを起こして防空壕に入れた。そして家財を手当たり次第に防空壕に投げ入れた」（36歳女性）

「空襲警報のあとラジオが『敵機は和歌山を爆撃している。大阪の消防隊は和歌山へ向かい消火を支援せよ』と伝えた。だから私たちは堺は大丈夫だと思って、防空壕から掛け布団を取り出して寝床に入ってしまった。雨のように焼夷弾が落ちてきたとき、もう駄目だと外に走り出

た。すでにすべてのところで炎が噴き上がっていた」（22歳女性）

空襲警報が発令され、空爆を受けた和歌山の火炎が見えているというのに「寝床に入った」という人が多いことに驚いてしまう。和歌山への空爆が米軍の陽動作戦だったわけではない。日中の仕事や作業で疲れきっていたのか、空襲にすっかり慣れて油断していたのか。和歌山の大火災が見えていたからこそ、よけいに「今夜は大丈夫」と思ってしまったのだろう。

この後の惨状は想像に難くない。

事実上の不意打ちを食らって、多くの人は避難が遅れてしまった。

図版1－18　〈空襲損害評価報告書〉164号に添付された空爆後の航空写真。焼けた地域が白くなって写っている

あわてて避難しようとした人たちの頭上からは、1発で住宅建屋を一瞬にして炎にしてしまう100ポンド焼夷弾が雨のように降り注いだ。

堺にとっては歴史上かつてない惨劇(さんげき)の夜になったことが、米軍のさまざまな資料の向こうにはっきりと見えてくる(図版1－17、18)。

７　かつてＵＳＪは爆撃地だった

７月24日　大阪市此花区

空爆に使われた爆弾の種類

日本本土の都市を空爆するにあたり、米軍はさまざまな爆弾や焼夷弾を使った。基本的には、住宅地域に対して焼夷弾、工場地帯に対して爆弾を使ったが、住宅地に爆弾を落とすことは珍しくはなかった。

どのような爆弾が使われたのだろうか。簡単に触れておこう。

４・５トン爆弾（１万ポンド爆弾、通称パンプキン）

原子爆弾の投下訓練用の模擬（もぎ）弾としてつくられた特製の爆弾。１９４５年７月下旬から終戦までのあいだに49発が投下された。長さ３・５メートル、直径１・５メートルもある超大型爆弾で、着色がだいだい色だったので「パンプキン」と呼ばれた。その攻撃は特殊爆弾任務とされ、通常の空爆とは完全に区別されており、空爆の効果よりも投下訓練の成否がテーマだった。

2トン爆弾（4000ポンド爆弾、通称ブロックバスター）

日本本土空爆に使用された通常爆弾では最も大型の爆弾。長さ3メートル、直径1・2メートル。一つの街区を一瞬にして破壊するため「ブロックバスター」と呼ばれ、半径約500メートルは爆風で跡形もなくなった。爆薬を最大限に詰め込むために、弾殻を限界まで薄くしたことから「薄肉爆弾」「軽筒爆弾」ともいわれた。

1トン爆弾（2000ポンド爆弾）

太平洋戦争の被災者のあいだでは大型爆弾の代名詞だった。軍事施設や軍需工場など鉄筋コンクリート製の堅固な建物の攻撃にしばしば使用され、半径200メートル内の人間を殺傷し、100メートル内の建物は全壊させる威力を持っていた。

500キロ爆弾（1000ポンド爆弾）
250キロ爆弾（500ポンド爆弾）

両方ともに通常爆弾として最もよく使われた。命中すれば1発で普通のコンクリート製建物を崩壊させることができたため、被災者からは1トン爆弾と間違われることが多かった。

30分で77%を破壊された住友金属桜島工場

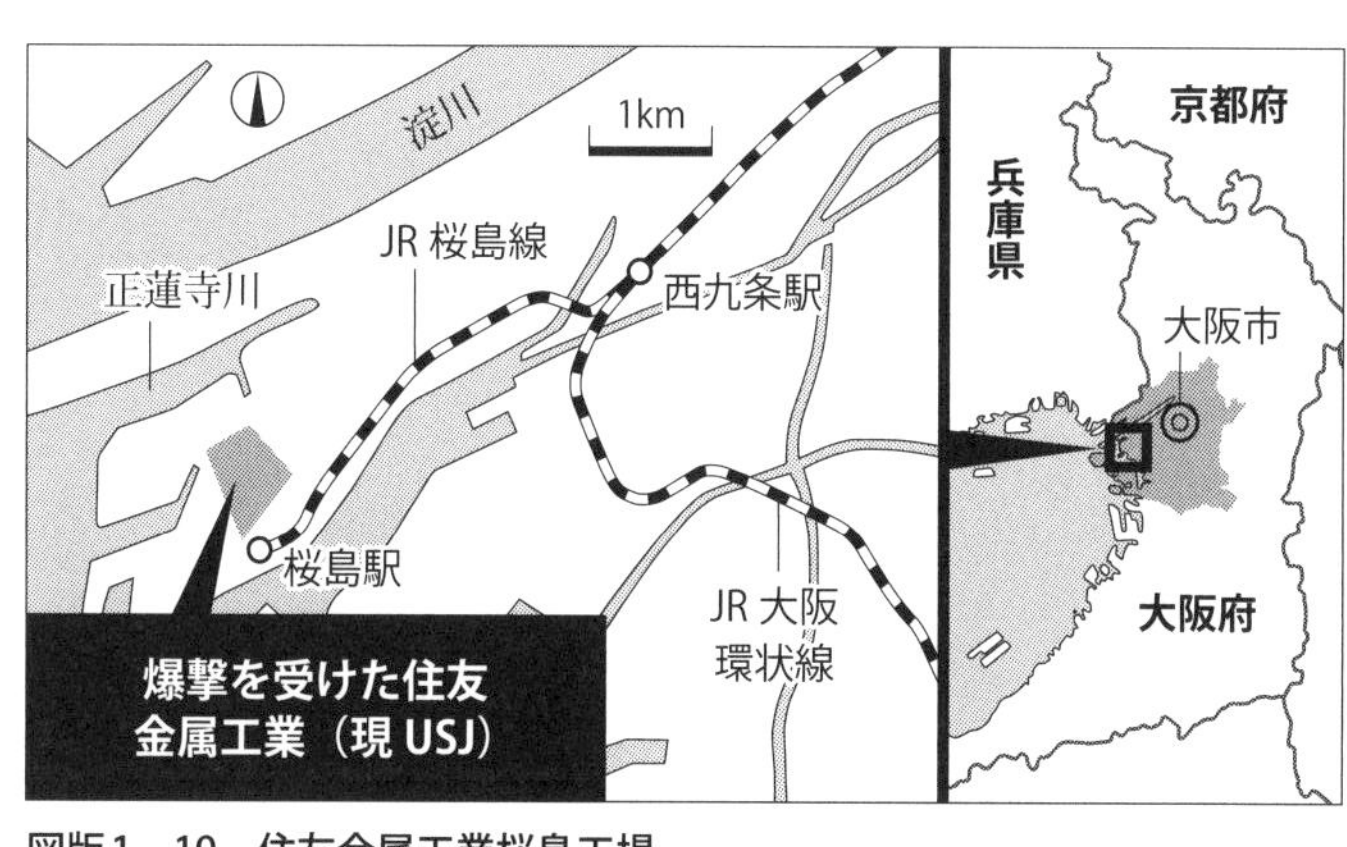

図版1－19　住友金属工業桜島工場

1945年7月24日。

米軍は大阪市此花区の住友金属工業桜島工場を爆撃した。住友金属桜島工場は当時、大阪造兵廠と並ぶ西日本最大級の軍需工場だった。航空機生産に欠かせないジュラルミンやアルミニウムのほか、軍用機の資・機材を製造していた。日本の空軍力を支える心臓部だったといってよい。

米軍が投下したのは「2トン爆弾」だった。

2トン爆弾は、日本本土空爆で使われた例が多くないこともあって、日本ではあまり知られていない。むしろ1トン爆弾のほうがなじみ深く、いまでも「落とされたのは1トン爆弾だった」と言う人がたくさんいる。

しかし、1トン爆弾をはるかに上回る破壊力を持っており、その被害規模は比べものにならないだろう。爆薬を最大限に収容させるために弾殻を限界近くまで薄くしたことで、並外れた爆風が発生した。

この日の2トン爆弾による住友金属桜島工場への空爆について、〈空襲損害評価報告書〉（Damage Assessment

図版１－20　７月24日、２トン爆弾の直撃を受けて数千メートル上空まで黒煙を噴き上げる住友金属工業の工場群。〈空襲損害評価報告書〉160号より

Report）１６０号は、上空から撮影した写真とともに詳細な記録を残している。

空爆を上空から撮影した写真は、計19枚残されている。米軍が２トン爆弾の威力の分析に使うために、機上から撮影した。

米軍は１９４５年６月から、軍需工場への爆撃に２トン爆弾を使っている。ただ、おりあしくちょうど梅雨時期だったため厚い雨雲にじゃまされ、実際に爆撃している瞬間をとらえた画像はこの日の住友金属への空爆以外に撮影できなかった。とても貴重な写真といえる。

この日の爆撃では、Ｂ29爆撃機82機が上空約６０００メートルから、約30分間で2トン爆弾２４４発を投下した。

上空６０００メートルから撮影した写真では、黒煙がすぐそばまで立ち上っていることがわかる。黒煙は住友金属の敷地全体で起こっているのが見てとれる（図版１－20）。

空爆直後にまとめられた〈攻撃報告書〉（Strike Attack Report）１２７号でも、２トン爆弾の凄まじさが伝わってくる。


「7編隊の先頭編隊の攻撃の直後から目標は黒煙に覆われてしまった。しかし投下した爆弾の爆発数を数えなければならなかった」

「爆発の大部分は目標エリアに着弾したと推定された。目標は破壊されたと考えて間違いない」

「天候は良好で最高の視界。すべて目視で計画どおりに目標に投下した」

「最も困難だったのは爆撃による煙との遭遇（そうぐう）だった」


2トン爆弾の爆発で生じる激しい黒煙が上空を覆ったため、着弾の爆発を確認することさえ困難になったことがわかる。住友金属は、Ｂ29のされるがままで、サンドバッグ状態になっていた。

〈損害評価報告書〉160号によると、244発のうち104発が住友金属を直撃。それ以外のほとんどの爆弾も周囲の建屋を破壊した。空爆はわずか30分だったが、100発を超える直撃弾を受けた住友金属の建屋は跡形もなく破壊され、その破壊率は驚異的ともいえる77%に上った（図版1－21、22）。

「目標（住友金属桜島工場）は今回の空爆で廃墟と化した」
「メインの建屋はすべて、内部が丸焼きにされたか、破壊された」
「一部の小建物を除いてすべての建物が破壊された」

住友金属はそれまでにも何回か空襲を受けて被害が出ていた。この日の空襲による被害も含めた破壊率の総計は96%となり、住友金属桜島工場は文字どおり壊滅した。

短時間の激烈な爆撃は働いていた人たちに避難するわずかな時間さえ与えなかったため、多くの犠牲（ぎせい）者を出してしまった。当時の記録では、250人が亡くなり100人が負傷した。

空爆直後の報告では、激しい黒煙のため着弾地点と爆発が不明確とされていたが、後日、写真撮影などから確定した被害状況が、〈損害評価報告書〉160号でまとめられている。

爆撃中心点からの距離と着弾の割合は次のとおりだった。

図版１－21　徹底的に破壊された住友金属桜島工場。〈米国戦略爆撃調査団報告書〉94号「日本の目標に対する4000ポンド爆弾の効果」より

図版１－22　２トン爆弾の驚異的な爆発力で、飴細工のように折れ曲がり骨組みだけになった住友金属桜島工場。〈米国戦略爆撃調査団報告書〉94号「日本の目標に対する4000ポンド爆弾の効果」より

３００メートル以内	55・０％
３００～６００メートル	６・２％
６００～９００メートル	30・６％
９００メートル以上	８・１％

９割以上の２トン爆弾が中心点から９００メートル以内に着弾しており、ほぼ百発百中に近い成果を上げていることがわかった。

「一発勝負」で扱いにくい超大型２トン爆弾

じつは、米軍が２トン爆弾で住友金属桜島工場を爆撃したのは、この日が初めてではなかった。米軍は、１ヵ月前の６月26日にも住友金属桜島工場を２トン爆弾で空爆していた。同工場に対する初めての大規模な空爆だったが、限りなく失敗に近かった。

Ｂ29爆撃機64機で１９１発の２トン爆弾を投下した。悪天候で雨雲に覆われていたため、１機を除きすべてレーダーを使って２トン爆弾を投下した。

まだ、２トン爆弾の投下に慣れていなかったうえに、目視で地上が確認できなかったため、工場敷地から外れまくったようだ。

破壊率はわずか13・５％にとどまった。荒天で写真撮影もできなかったため、何発が命中したか確認することができなかった。

このときの被害をまとめた〈空襲損害評価報告書〉119号の記述は素っ気ない。

「目標にはほんのわずかな損害を与えた」

「（工場操業のための）機能上の損害を与えることはできなかった」

結局、何発が直撃したのか最後まで確認できなかったようだ。2トン爆弾の威力は発揮できなかった。ちなみに日本側の資料では、命中は3発で死傷者なしとなっている。

7月の住友金属桜島工場への空爆では圧倒的な破壊力を示した2トン爆弾だが、この後、使用頻度が高くなったというわけではない。並外れた破壊力を持っているのに、米軍はなぜ2トン爆弾の使用を増やさなかったのだろうか。

B29には2トン爆弾は2～3発しか搭載（とうさい）できなかった。1トン爆弾は7～8発の搭載が可能だった。爆弾の搭載数が少ないと、目標への爆撃はどうしても「一発勝負」になってしまう。照準を合わせながら1発ずつ落として目標に近いところで爆発するようにもっていくほかない。一度照準からずれると、攻撃はそれで終わりになってしまう。

また、爆発力があまりにも大きいことから、数発が着弾して爆発しただけで、とてつもなく大量の黒煙が噴き出してきた。どんなに天候がよく視界が利いても、結局はレーダーで投下するのと同じになってしまった。爆発を確認しにくく、どれだけの被害を与えているのかただちに把握しにくかった。

爆撃の対象がきわめて堅固な建物群であることも、逆に使用の範囲を狭めた。結局、相当大規模な軍需工場群でなければ、割に合わない空爆になってしまう。1トン爆弾や500キロ爆弾でも同じような戦果が期待できるのなら、そちらを使いたいということになったのだろう。

いずれにしても、超大型爆弾特有の制約のせいで、米軍側でも、日本側でも、なかなか注目を集めにくい爆弾になってしまった。

惨劇の跡に建つUSJ

長年、太平洋戦争や空襲について調査、研究をつづけている人には、2トン爆弾の残虐性をもっとしっかり記録していくべきだと考える人が多い。

米軍資料をもとに全国の空襲を調べている中山伊佐男さんは「1トン爆弾はよく知られているが、2トン爆弾はいままであまり注目されてこなかった」としたうえで、〈損害評価報告書〉に添付されている住友金属桜島工場の空爆写真(図版1-20)について「特に2トン爆弾の空襲時の写真はほとんど残っていない。凄まじい破壊力がわかるきわめて貴重な資料だ」と指摘する。

2トン爆弾で壊滅した被災地は現在、テーマパーク「ユニバーサル・スタジオ・ジャパン(U

ＳＪ）」としてにぎわっている。当時を伝えるものは何も残っていない。

中山さんは「人気を集めているテーマパークの場所が、第二次大戦中には跡形もなく破壊された惨劇の舞台であったことを、ぜひ知ってもらいたい」と話している。

8　ハチの巣の弾着図

8月14日　大阪陸軍造兵廠

4回も集中爆撃された軍需工場

大阪陸軍造兵廠（ぞうへいしょう）は、日本最大の軍需工場だった。

その歴史は創設された1870（明治3）年にさかのぼる。長いあいだ、大阪砲兵工廠と呼ばれ、大阪市民に親しまれた工場だった。陸軍の火砲や火薬、兵器の製造がメインだが、弾丸、戦車、トラック、航空機などの生産も手がけ、鉄、銅の溶解、鋳造（ちゅうぞう）やアルミ加工などの技術力は全国でも群を抜いていた。

大阪城の北東から東にかけて約600万平方メートル（阪神甲子園球場の150倍）の広大な敷地に、大小570棟の工場があった。1945年の従業員は約6万人といわれているが、動員学徒や臨時工員の数が不明確で、実際には10万人以上が働いていたとの説もある。

当然、米軍の最重要の標的となった。

実際に米軍は、1945年6月7日、26日、7月24日、8月14日の4回に分けて、1トン爆弾による集中的な空爆を決行している。たび重なる激烈な空襲に対して、大阪市民は「造兵廠の空襲といえば1トン爆弾、爆弾といえば1トン爆弾」と刷り込まれていった。

4回の空爆がすべて成功だったわけではない。6月7日、26日、7月24日の3回の攻撃はむしろ失敗だった。大阪造兵廠はほとんど被害を受けなかった。米軍も「被害軽微」「被害なし」と報告している。

しかし、「被害なし」は造兵廠の被害がなかったというだけで、造兵廠以外に落ちた1トン爆弾は甚大な損害を与えている。巻き添えやとばっちりを受けた被災件数は、他都市の軍需工場周辺の被害と比べてもけた外れに多い。

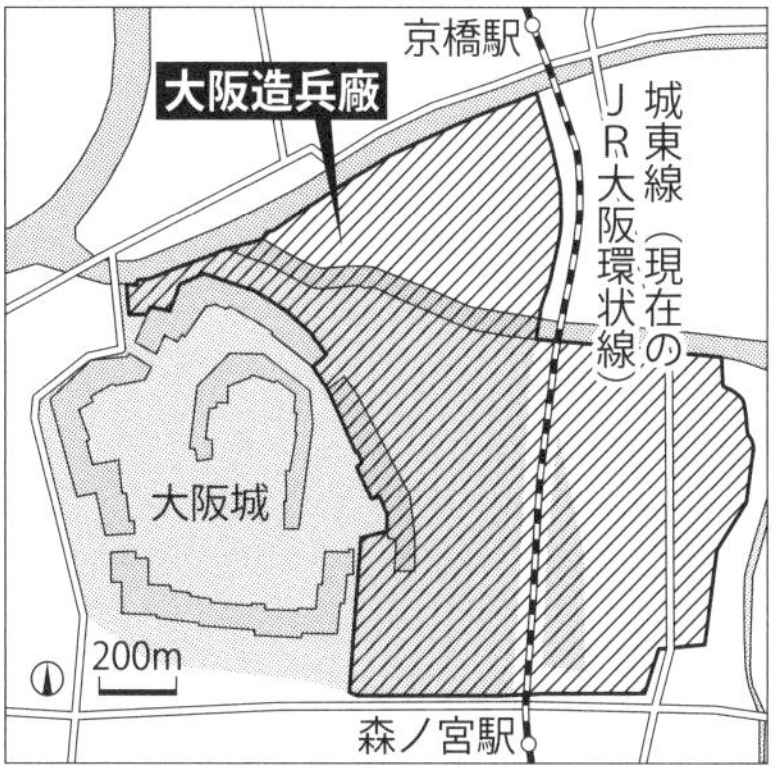

米軍がようやく致命的な被害を与えることができたのは、じつに4回目の集中攻撃となる敗戦前日の8月14日だった。

米軍は、1トン爆弾の投下地点を確認するために、爆発地点を記した弾着図を作成している。〈空襲損害評価報告書〉(Damage Assessment Report)や〈攻撃報告書〉(Strike Attack Report)に添付されており、印された小さな点の一つ一つが、1トン爆弾の惨劇の証となっている。

図版1－23　大阪陸軍造兵廠

投下爆弾の7割以上が命中

造兵廠が壊滅的な被害を受けた8月14日の空襲について検証する。

〈作戦任務報告書〉（Tactical Mission Report）３２６号や、〈任務要約〉（Mission Summary）３２６号によると、この日はＢ29爆撃機１４５機が1トン爆弾５７０発と５００キロ爆弾２７３発を投下した。1トン爆弾の不足を補うために５００キロ爆弾も使っている。

この日の雲量は10分の０（上空を覆う雲がまったくない状態）～10分の５（上空の半分程度が雲で覆われている状態）。多少上空に雲はあるものの、造兵廠をはっきりと肉眼でとらえることができた。全機が目視で爆弾を投下した。

高度７０００メートルからの投下だったが、７割以上の爆弾が爆撃中心点の半径６００メートル内で爆発し、黒煙は上空数千メートルに達した。集中的に1トン爆弾を投下された地上は、文字どおりの阿鼻叫喚となった。

米軍が空爆の2日後に作成した〈攻撃報告書〉１４２号は、中心点から３００メートル刻みで命中率をまとめている。

中心点から３００メートル以内　26・０％
中心点から３００～６００メートル　48・７％

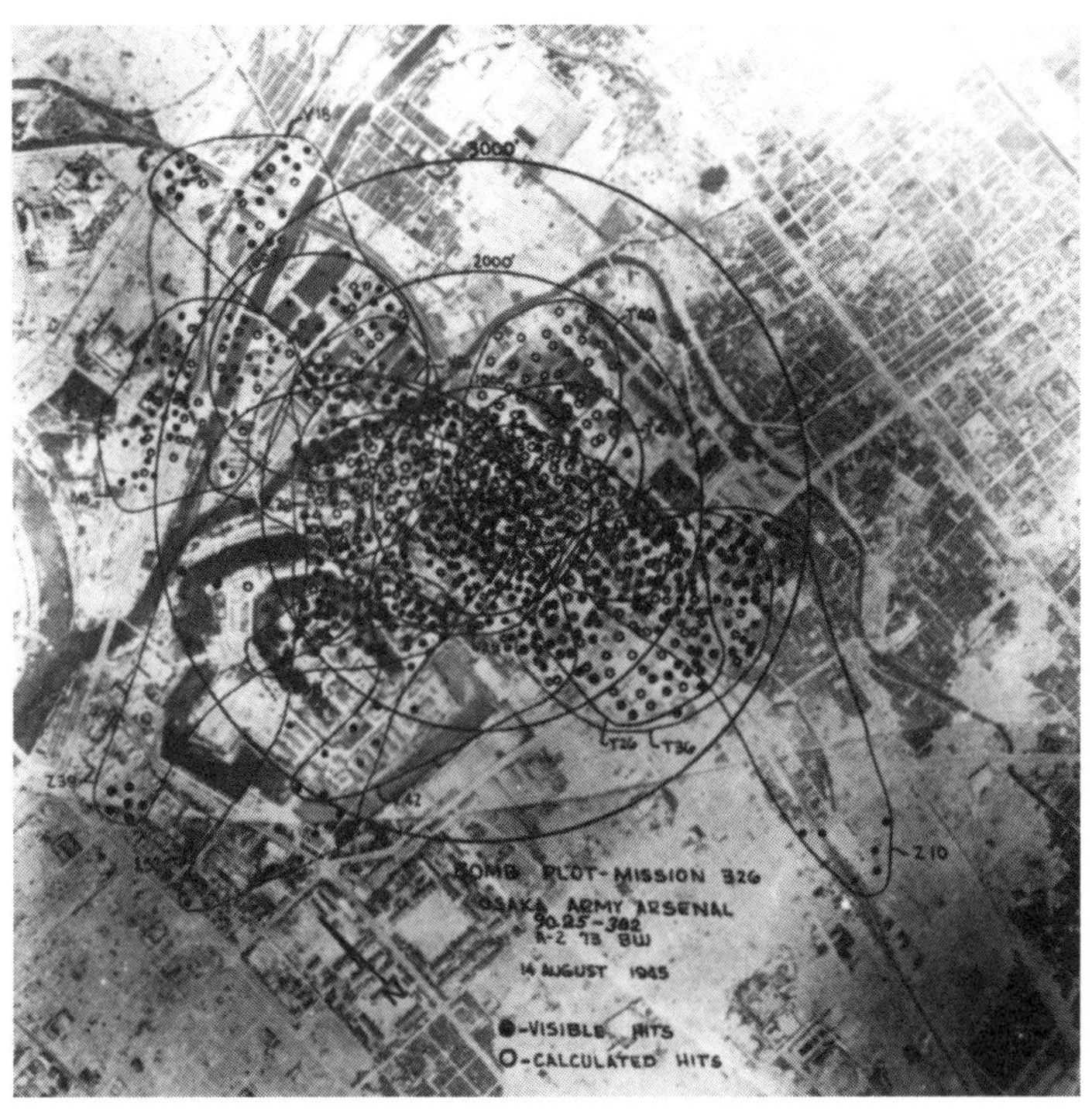

図版1－24　米軍が作成した8月14日の空爆の弾着図。ハチの巣のように大阪造兵廠に着弾点が打たれ、1トン爆弾が集中的に投下されたことがわかる。〈攻撃報告書〉142号より

中心点から600〜900メートル　19・8％
中心点から900メートル以上　5・5％

米軍が残したこの日の空爆の弾着図（米軍は弾着を視認した地点と弾着したと推定される地点を一つずつ黒点や白丸点にして記した）を見ると、造兵廠がまるでハチの巣のように爆撃されたことが手に取るようにわかる（図版1－24）。

ハチの巣の下では、いったいどんなことが起こって

図版1－25　米軍機が撮影した8月14日の空爆。大阪造兵廠からの黒煙は数千メートルの高さまで上がった。総破壊率は6割を超えた。〈空襲損害評価報告書〉202号より

いたのか。

戦略爆撃調査団は終戦から数ヵ月後に、造兵廠で空襲に遭った工員と直接面談した。まだ記憶も鮮明な体験が、生々しい証言として残っている。

「私は防空要員だった。24時間日曜も働いた。1ヵ月に2日間休んだ。しかし3日目は休まなかった。1ヵ月に3日休むと配給が止められるからだ。終戦の前の日の空襲に遭った。防空壕に入ってジッとしていた。怖かった。

最後の空襲が最も恐ろしかった。空襲警報が長い時間鳴って防空壕を出たり入ったりしていると敵機が近づいてきた。あわてて防空壕に飛び込んだ。20分間はこれで自分も最後かと思った。煙が入ってきたとき、これで自分は死ぬのかと思うとすごく落ち着いた。いまでも忘れることができない。音が凄まじく、いつ自分のところに落ちてくるのかと思った」（39歳男性、圧延工）

「朝７時から夜７時まで、夜勤では午後６時から翌朝８時半まで働いた。２度ばかり自分の家の近所が焼けたが、そのときはべつに恐ろしいともなんとも感じなかった。けれども８月14日午後１時過ぎの白昼爆撃で、自分らの工場が破壊されたときは、親友２人が死んだ。自分もまたかぶっていた鉄かぶとに傷が入って、３度ばかりもう駄目だと感じた。工場の外に逃げて、工場から３キロほど離れた焼け跡の防空壕に入って、爆撃の終わるのを２時間ぐらい待った。１発目の爆弾が落ちるまでは恐怖というものがあったが、２発目からはなんとも感じず、ただ最後まで生き延びたいと思った」（18歳男性、鋳造工）

この日の空爆によって大阪造兵廠の破壊率は44・５％に上り、それまでの損害とあわせた総破壊率は64・３％となった。東洋一とも称されたことがあった軍需工場は膨大（ぼうだい）ながれきとなってほぼ壊滅した（図版１－25）。

命中率が高かったとはいえ、やはり目標の造兵廠を外れた1トン爆弾が何発もあった。造兵廠の北東部にあった国鉄城東線（現ＪＲ大阪環状線）の京橋駅を、6発の1トン爆弾が直撃した。京橋駅の上下線のホームには、満員の電車が到着したばかりだった。空襲警報が発令されたため、多くの乗客がホームの下などに避難した。直撃した1トン爆弾は駅のすべてを吹き飛ばし、なぎ倒してしまう。５００人以上が亡くなったといわれているが、いまだに正確な犠牲者数は不明のままだ。

「この世の地獄でした」――国鉄京橋駅の惨状

２０００年夏。当時85歳だった男性から、京橋駅の惨状を聞くことができた。陸軍鉄道連隊に所属していた小野豊彦さんは、終戦で部隊が解散して帰郷できるにもかかわらず、「京橋駅で大きな被害が出ている」と聞き、自主的に救援活動に駆けつけた。奈良県生駒（いこま）市の自宅で「いままで家族にも話したことがありませんでした。あまりにもひどい現場でしたから」と前置きして、静かに語りはじめた。

小野さんは当時、兵庫県宝塚市の鉄道連隊に所属していたが、部隊が解散した8月16日に、自主的に救援活動を申し出た部隊の仲間約50人とともに京橋駅に向かった。

空襲から丸2日たっていたが、ほとんど何も手がつけられていなかった。乗客がホームの下に避難した直後に１トン爆弾が直撃した。幅が10メートルを超え、厚みが２メートル以上もあるコンクリート製の壁が倒壊し、数百人が下敷きになったままだった。

「あまりの惨状にぼうぜんとしました。一刻も早く掘り起こそうとの一心でした」という。

周辺の町工場を走り回って、コンクリートをたたき割るハンマーなどをかき集めた。コンクリートの塊（かたまり）を取り除いたとたん、幾重（いくえ）にも折り重なった遺体からいっせいに黄色いガスが噴き出した。腐敗で膨れあがった遺体から一気にガスが噴き出たからだ。

「体からガスが噴き出すと、遺体が操り人形のように動き出すんです。下敷きになっていた遺体全部がそうです。生きているのかとびっくりしました」

小野さんらは不眠不休で作業に当たった。10日以上かかって、遺体を一体ずつ抱き起こし、一体ずつ丁寧に火葬した。１２０体以上を収容した記憶があるが、定かでない。半数は身元がわからなかった。

身元がわからない遺体は、せめて家族が探しにくるまでそのままにしておきたかったが、暑さでさらに腐敗がひどくなるため、やむを得ず荼毘（だび）に付した。

「この世の地獄でした」

終戦時の混乱で、京橋駅の救援作業などの実態はほとんどわかっていなかったが、小野さんら鉄道連隊の元兵士の懸命の活動があって、多数の遺体が収容されていたことがようやくわかった。

小野さんは「とにかく早く忘れたかった。家族にも話したことはないし、戦友とも二度と話題にしなかった。終戦がもう1日早ければ……。戦争は本当に非情だ」と声を落とす。

京橋駅の惨状を知る人たちが口にするのは「あと1日終戦が早ければ、こんなことはなかったのに」という言葉だ。日本はポツダム宣言の受諾をすでに決めており、米軍の第一線の航空部隊にもそれは伝わっていたはずだ。にもかかわらず、なぜ強行されたのか。

〈作戦任務報告書〉326号には、非情ともいえるような理由づけが記されている。

「これらの作戦（大阪造兵廠への空爆）が計画されたとき、日本との和平交渉の最中だった。しかし、第20航空軍司令官は最小限の時間で最大限の力を使って爆撃するように準備を命じた。敵が交渉を遅らせているように見えたからだ」

政治的な駆け引きが、失わずにすんだ多くの命を奪ってしまった。

米軍が作成した弾着図の小さな点の一つ一つには、いまだに明らかになっていない悲劇がまだ多く残されているにちがいない。

適当に投下されたのか

6～7月の3回の空爆では大阪造兵廠自体に大きな被害が出ていない。天候が悪く、レーダー

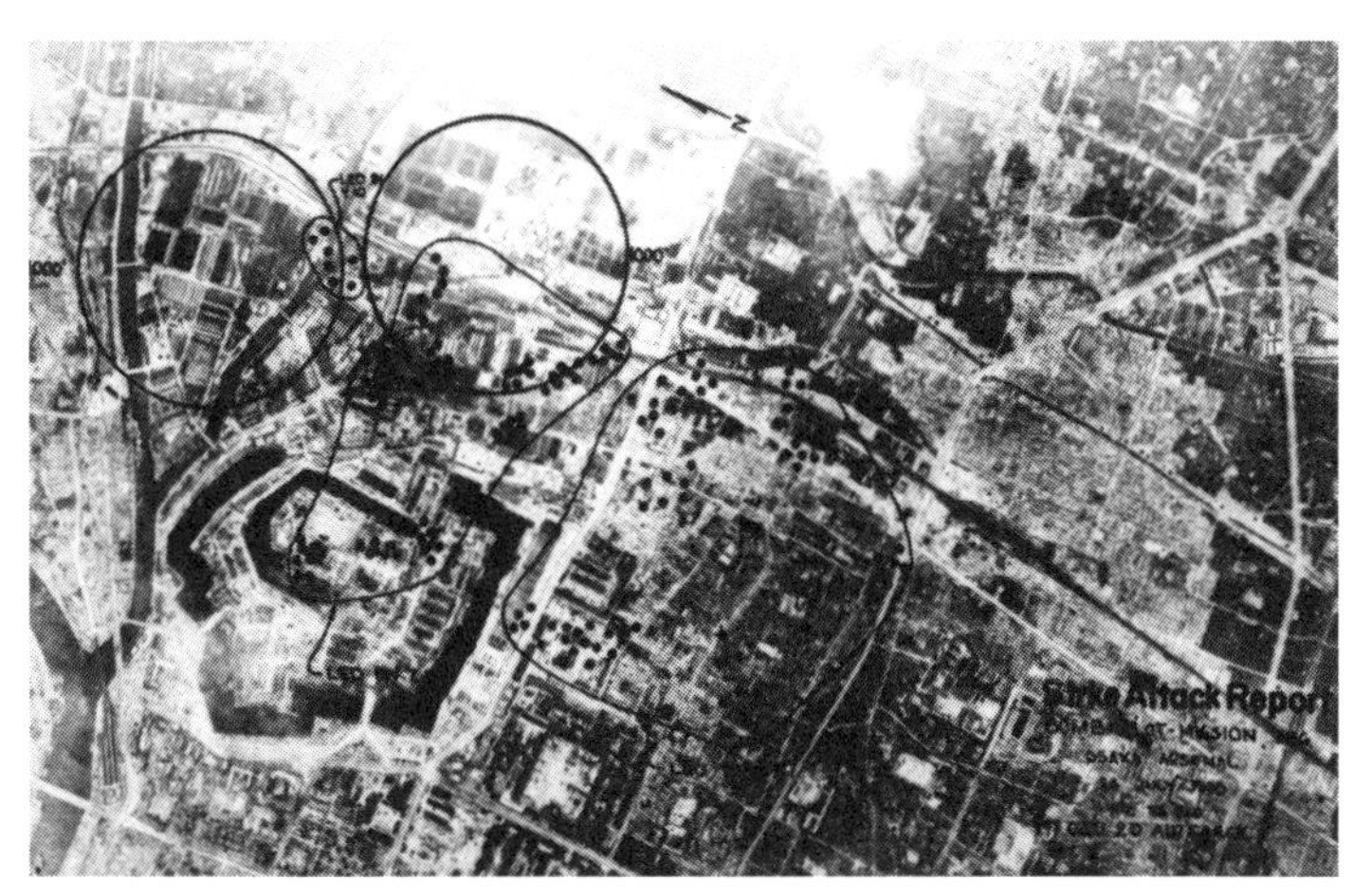

図版１－26　７月24日の空爆の弾着図。造兵廠（○で囲んだ部分）の敷地内より敷地外（○で囲んだ部分の右側）に多数の着弾点が打たれている。投下した１トン爆弾の多くが敷地外に着弾した。〈攻撃報告書〉129号より

に頼った爆撃で目標を大きく外したためだ。造兵廠に被害がないぶんだけ、周辺の住宅地などに落下した。とばっちりの被害は甚大だった。

米軍は７月24日の空爆でも弾着図を作成した。米軍が空爆の３日後に作成した〈攻撃報告書〉１２９号に添付されている弾着図を見ると、造兵廠の敷地外で爆発した爆弾数のほうがはるかに多いことがわかる（図版１－26）。

この日はＢ29爆撃機35機が２１６発の１トン爆弾を投下したが、爆撃中心点の半径６００メートル内で目視で爆発を確認できたのは56発にすぎない。投下した爆弾の多くは敷地外に着弾したとみてよい。

〈攻撃報告書〉１２９号では、中心点から３００メートル刻みで１トン爆弾の命中率をまとめている。

中心点から300メートル以内　19・15％
中心点から300〜600メートル　19・15％
中心点から600〜900メートル　13・6％
中心点から900メートル以上　47・9％

投下した1トン爆弾の半分近くが900メートル以上も離れたところに着弾している。造兵廠の破壊率が10％程度にとどまる一方で、巻き添えになって亡くなったり自宅を破壊された人が多数出たことがわかる。

これに加えて、〈攻撃報告書〉129号にはもっと残酷なデータが残っている。

「9機が1トン爆弾78発を投げ捨てた」
「11機の1トン爆弾77発は行方不明」

造兵廠に投下できなかった150発以上の1トン爆弾が、適当に処理されてしまっていることがわかる。どこに投下したのかはわからない。
1トン爆弾を抱えたまま基地に帰還するのはリスクが大きかった。重たい機体のまま飛べば燃料の消費が早いし、途中で迎撃されたり対空砲火に遭えば思うように回避できない。適当な地点で片っ端から投下されたにちがいない。

ハチの巣になってもならなくても、１トン爆弾の並外れた破壊力は多くの犠牲者を生んだ。

第2章　神戸、阪神が燃えた日

１９４５年３〜８月

1 焼夷弾の「実験場」

3月17日 神戸市

神戸市の2割を焼き払った空爆

1945年3月の米軍のB29爆撃機による「夜間低高度焼夷弾爆撃」は、東京、名古屋、大阪につづいて神戸が標的になった。

神戸には、3月17日にB29爆撃機306機が来襲した。午前2時38分から2時間にわたり、1300〜2700メートルの超低空から焼夷弾2300トンを投下した。

神戸区（現中央区）、兵庫区、林田区（現長田区）、湊東区（現兵庫区）、須磨区を中心に神戸市の西半分が焼け野原になった（図版2－1）。〈空襲損害評価報告書〉（Damage Assessment Report）23号によると、これは神戸市の総面積の20％にあたり、2・86平方マイル（7・4平方キロ）が焼失した。

『神戸市史』によると約2600人が死亡し、23万6000人が被災、約6万5000戸が全焼している。

米軍は、東京と名古屋の「失敗」を教訓として、大阪で夜間低高度焼夷弾爆撃を「成功」させた。３都市への空爆で、低高度からの夜間爆撃についてある程度の自信を持ったものの、確信を持つまでにはいたっていない。まだ課題を残していた。

米軍は、夜間低高度焼夷弾爆撃のモデルケースをつくるために、神戸を「実験場」にしたのではないかと思わせるような事実が出てきた。

神戸への空爆では、東京、名古屋、大阪とは異なる焼夷弾を大量に使用し、より効率よく街を焼き払おうとした。米軍の資料を1点ずつ洗い出しながら、「実験場」にされたミナト・コウベの3月17日を明らかにしたい。

水をかけると燃え上がるエレクトロン焼夷弾

この日の空爆について米軍がまとめた〈作戦任務報告書〉（Tactical Mission Report）43号を見ると、東京など3都市空爆の教訓を目一杯取り込もうとする一方で、当初の計画とは食い違いが出てきたことも生々しく記録されている。

米軍は当初、神戸への爆撃に１５０機を予定していた。3月10日の東京から1日おきに都市空爆を実施し、連日にわたって大量のＢ29爆撃機を投入している。メンテナンスの時間を考えれば１５０機が限界だったのだろう。

ところが実際には３００機を超えるＢ29が神戸に来襲した。

「長期計画では神戸への攻撃には約１５０機が利用できると見積もっていた。しかし以前よりも早くB29のメンテナンスができたことや、先の3都市の空爆で与えた損害が予想よりも小さかったので、急遽３２４機（実際に神戸を攻撃したのは３０６機）を投入することになった」

この日の神戸への空爆は、油脂焼夷弾ではなくエレクトロン焼夷弾（テルミット・マグネシウム焼夷弾）がメインになった。

3月の東京、名古屋、大阪への空爆はすべてが油脂焼夷弾だったが、神戸では投下弾の7割がエレクトロン焼夷弾だった。焼夷弾の総投下量も、１７００トン前後だった3都市を上回り、２３００トンを超えた。

油脂焼夷弾はゼリー状のガソリンが飛び散って燃焼し火災を起こす。木造家屋の多い日本の都市空爆で最も多く使用された。

一方、エレクトロン焼夷弾は２０００度を超す高熱の火柱が噴き上がり、水をかけると燃焼が拡大した。燃焼温度が高く爆発的な燃焼で破壊力はあるが、火災を拡大させる点では油脂焼夷弾に劣ったため、日本の密集木造家屋での使用は疑問視されていた。

図版２－１　夜が明けても煙が立ち込める神戸市街地。奥の鉄道高架は国鉄（現JR）で、右が神戸駅方面（3月17日、毎日新聞撮影）

米軍は、それまでの3都市への空爆で大量の油脂焼夷弾を消費していた。米国内でフル生産されていたものの、わずか1週間に5000トンを超す油脂焼夷弾を投下しており、供給が追いつかなかったのが大きな理由だった。

一方で、住宅地への爆撃にエレクトロン焼夷弾を使った場合の効果を確かめることも重要な目的であったことが、〈作戦任務報告書〉43号から読み取れる。以下のように詳細な検討がなされた。

「エレクトロン焼夷弾に変更することにより、消防士に新しい対応をさせることになるだろう。油脂焼夷弾への水による消火は火災の数を減らすが、エレクトロン焼夷弾への水による消火はより速く燃え上がらせる原因になる」

「投下した焼夷弾の20％は爆発時間を遅らせる起爆装置にする。爆発が起こるまで消火活動を困難にさせるとともに、他の焼夷弾の発火時間に余裕を与えることができる」

「攻撃の対象となったドックや工場はより大きな貫通力を持つエレクトロン焼夷弾によって損害を受けるだろう」

「38発の6ポンド焼夷弾（子爆弾）を持つ油脂焼夷弾の集束弾よりも、110発の子爆弾を収容しているエレクトロン焼夷弾の集束弾のほうがより多く直撃するだろう」

投下方法を工夫すれば、エレクトロン焼夷弾は油脂焼夷弾の代わりを十分に果たせることを、この日の空爆を通じて米軍が検証しようとしたことがわかる。

米軍は神戸市の消防設備について「消火栓は十分に配置されていて、消防施設は最も近代的に整備されている」と評価している。そこで、水をかけると燃焼を加速させるエレクトロン焼夷弾を大量に使って、消火活動を混乱させることができたことは大きな収穫だった。

いかに効率よく爆撃するかを綿密に検討

米軍は、東京、名古屋、大阪の3都市への空爆で得られた知見を神戸で最大限に生かした。特に「爆撃中心点ごとに集中的に火災を発生させて、その火災を合流させることで大火災にさせる」という方針を徹底させた。〈作戦任務報告書〉43号の「作戦上の詳細計画」の項では、「先の

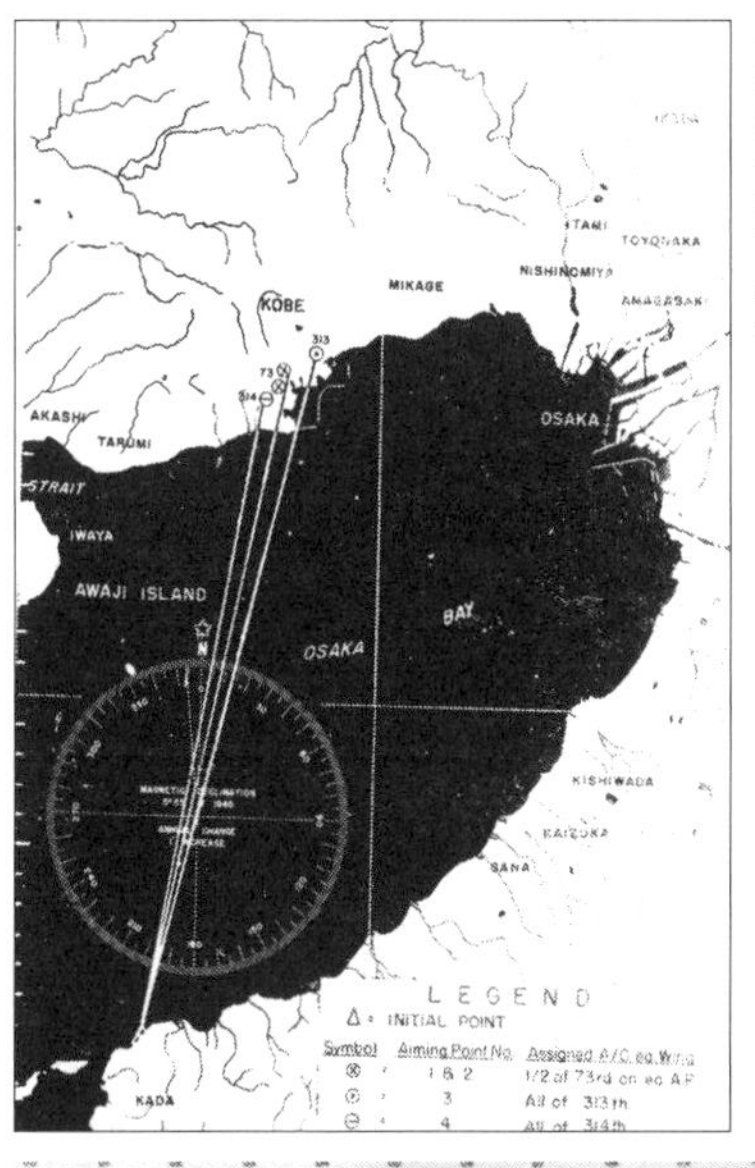

図版２－２　神戸を目指した米軍機の航路地図。紀伊水道から大阪湾を一気に北上して空爆したことがわかる。〈作戦任務報告書〉43号より

図版２－３　神戸空爆で米軍が使用した写真地図「リトモザイク」。３月17日の空爆による焼け跡が白く写っている、第21爆撃機軍団が３月末に撮影した航空写真の上に６月５日の空爆のための爆撃中心点（◎部＝編集部加工）が記されている。〈空襲損害評価報告書〉96号より

3つの攻撃から引き出された知見を神戸空爆に組み込んだ」として、以下の命令を厳守するように求めたと明記している。

「最も短時間で最大限の機数が目標上空に到達すべきだ」
「爆撃中心点はできる限り互いに近づけるべきだ」
「投下間隔は15メートルを守るべきだ」
「大火災が起こっていないような火炎のない暗闇に焼夷弾を投下してはいけない」

神戸市の市街地は、山と海に挟まれ、東西に細長く広がる特異な形状をしている。南側から進入して北に抜けるコースをとると、市街地の上空を飛行する時間はわずかだ（図版2－2）。夜間で地上の形状の確認が難しい。爆撃計画には細かい条件が添えられた。

爆撃中心点は4ヵ所設定したが、同市の西半分に集中させて、できる限り近接するようにした（図版2－3）。また、搭乗員の独自の判断で火災の起こっていない暗闇に焼夷弾を投下すれば、山間部や海に落とすことになりかねないため、厳禁にした。

いかに効率よく爆撃するかを綿密に検討していたことがわかる。

投下された焼夷弾2300トンは、焼失面積1平方キロ当たりに換算すると300トンにも上った。100メートル四方で平均すれば、1500発の焼夷弾が落とされたことになる。

東京大空襲（3月10日）で約1600トン、大阪大空襲（同14日）で約1730トンの焼夷弾が投下された。焼失面積1平方キロ当たりでみると、東京37トン、大阪82トンとなる。東京の8倍、大阪の4倍近い焼夷弾が、神戸の街に落とされたことになる。

それだけ大量に落とされた焼夷弾の7割がエレクトロン焼夷弾だった。一気に高熱の火柱を上げて、水をかけると鎮火するどころか炎が拡大していった。神戸市民の戸惑いと恐怖は計り知れない。

日本軍機は果敢に迎え撃ったようだ。

〈作戦任務報告書〉43号に添付された付録で、日本軍機の迎撃をまとめ、警鐘を鳴らしている。

「この作戦は強力な敵の攻撃を受けた最初の夜間作戦だった」

「次の攻撃では（迎撃機との交戦のために）もっと多くの弾薬を積載すべきだ。尾部の銃座だけでなく、上尾翼、下尾翼にも弾薬を準備すべきだ」

280機の迎撃機が目撃され、そのうち96機が104回の攻撃をかけてきた。この迎撃で5機のB29が被害を受けたが、撃墜されたB29はなかった。それまでにB29による夜間空爆は激しい迎撃を受けておらず、厳しい日本軍機の攻撃に大いに戸惑ったようだ。

「都市空爆の実験場」となった神戸。

2時間の空爆で神戸市の西半分が壊滅し、約2600人が犠牲になった。米軍の試みはことごとく的中した。

「道路は逃げる人でいっぱい。みな無言でした」

「ズシンと爆弾か焼夷弾のさくれつする音が聞こえる。壕の外へ出てみると、まはりは真赤になつて、月のない夜でありながらまはりの人の顔さえ見へてゐた。いよいよここにも危機迫る」

当時、国民学校6年で須磨区に住んでいた安田稔さん（堺市在住）は、この夜の空襲を日記に書き留めていた。

空襲警報発令のラジオ放送とサイレンで目を覚ました安田さんは、軒下の防空壕に入った。高射砲の音が響き、B29が投下した照明弾の光が防空壕の中にまで差し込んできた。

安田さんは集団疎開していた兵庫県龍野町（現たつの市）から、3月4日に帰ってきたばかりだった。疎開先ではB29の編隊を何回か見た程度で、差し迫った危険を感じたことはなかった。しかし、神戸に帰ってきたとたん、ほぼ毎日、防空壕に避難しなければならなかった。

安田さんは、集団疎開した前年の秋から日記をつけていた。ときには絵や地図などを織り交ぜながら日々の生活を記し、社会の動きや戦局なども書き込んだ。厳しいながらも懸命に生きる小学生の姿が浮かんでくるようだ。

テーブルの上に日記を広げて記憶をたどる安田さんの話は、神戸に戻ってからの空襲体験に移っていった。

安田さんが、焼夷弾の落下音で外に出てみると、周囲のあちらこちらから火の手が上がってい た。裏山は激しく燃え上がり、近くで起こった火災で空は真っ赤だった。

父親を家に残し、母親や2人の弟とともに須磨海岸を目指して駆け出した。

大量の焼夷弾が赤い火を引いて滝のように落ちていくのが見えた。しかし「これが頭上に来たらどうなるかと考える余裕もありませんでした」と言う。

「道路は逃げる人でいっぱい。でも泣いたり叫んだりする人は一人もいない。みな無言でした」

夏は海水浴場としてにぎわう広い砂浜は、数百人の避難者で埋まっていた。無言で座り込んでいる。裏手の山は炎に包まれて、真っ赤になっていた。時折火の粉が降ってきたが、幸いにも焼夷弾は落ちてこなかった。

「ウォーンという爆音がずっとつづいていました。一度聞いたら二度と忘れられない音でした」

しばらくすると、目の前の海に、撃墜(げきつい)された飛行機が火の玉になって落ちてきた。敵機なのか友軍機なのかわからない。炎が海面に一気に広がり燃え上がった。

数分後には燃えつづける海面目がけて、米軍機が大量の焼夷弾を投下してきた。海の炎はさらに大きく広がっていった。

ほかに逃げ場はない。震えながら眺(なが)める以外になかった。

「あれは高射砲で撃ち落とされたB29だ。バカなアメ公が目標だと勘違いして爆撃している」と話している人がいた。「あの光景はなんだったのか、いまだにわかりません。真っ暗な海面で燃え上がる炎は凄(すさ)まじかった」と言う。

いつ頭上に焼夷弾を落とされてもおかしくなかったが、「恐怖も悲愴(ひそう)感もありませんでした」と安田さんは話す。いま考えると異常な心理状態だったという。

安田さんの自宅は奇跡的に被災を免(まぬか)れた。しかし、6月5日の空襲で自宅は焼失し、安田さんが難を逃れた須磨海岸では、避難していた大勢の人が焼夷弾の直撃を受けて亡くなった。

安田さんの日記に戻ろう。

「鉄拐(てっかい)・鉢伏(はちぶせ)山炎上し、さながら火の山のやうである。空を仰げば無数の焼夷弾が……」

昭和20年3月17日の記述はここで終わっていた。

2　破片爆弾の恐怖

6月5日　神戸市

本土空爆で使われたクラスター爆弾

太平洋戦争末期の大都市への空爆で、米軍機が投下したのは焼夷弾や爆弾だけではない。消火活動妨害（ぼうがい）の名目で、鋭利な鉄片が飛び散る「破片爆弾」が大量に投下された。爆発とともに鉄の破片が飛散し、猛火から逃げ惑う被災者を次々となぎ倒し、傷つけた。空襲の大混乱のなかで「高射砲弾の破片が当たった」「焼夷弾の破片が飛び散った」といわれ、その実態はほとんど知られていない。

親爆弾の中に数百個の子爆弾が収容されていて、爆発とともに無数の子爆弾が飛び散るクラスター爆弾は、その残虐（ざんぎゃく）性から現在、国際条約で使用が禁止されている。

太平洋戦争で米軍が投下した「破片爆弾」は、クラスター爆弾の原形ともいえる。爆発で子爆弾こそ飛散させないが、無差別に四方へ飛び散る鉄片が、多くの人を死傷させた。その残虐性は現代のクラスター爆弾と変わらない。

米軍が空爆の成果をまとめた〈作戦任務報告書〉(Tactical Mission Report)を丹念に調べていくと、神戸は大規模な空爆のたびに大量の破片爆弾を落とされていたことが明らかになってきた。日本本土空爆で落とされた「太平洋戦争のクラスター爆弾」。猛火に逃げ惑う人たちを、鋭利な鉄の破片が容赦(ようしゃ)なく襲った現場からみていくことにしよう。

「あんたも死にたいんか。逃げろ」

6月5日朝。

神戸は3月17日につづき、大規模な焼夷弾空襲を受けた。午前7時22分から1時間半にわたり、B29爆撃機473機が来襲した。〈空襲損害評価報告書〉(Damage Assessment Report)96号によると、焼夷弾3000トンが投下され、神戸市の東半分と須磨区など11平方キロが焼失した。犠牲者は3000人以上とされるが確かな人数はわかっていない。

3月17日の空襲の被災地域と合わせると焼失面積は市街地の56%におよび、神戸市は壊滅した(図版2-4、5)。

神戸市須磨区で、6月5日に被災した岡しげ子さん(兵庫県姫路市在住)の体験を紹介する。

ザーッという不気味な風を切る音からすべてがはじまった。玄関の床下の防空壕から顔を出し

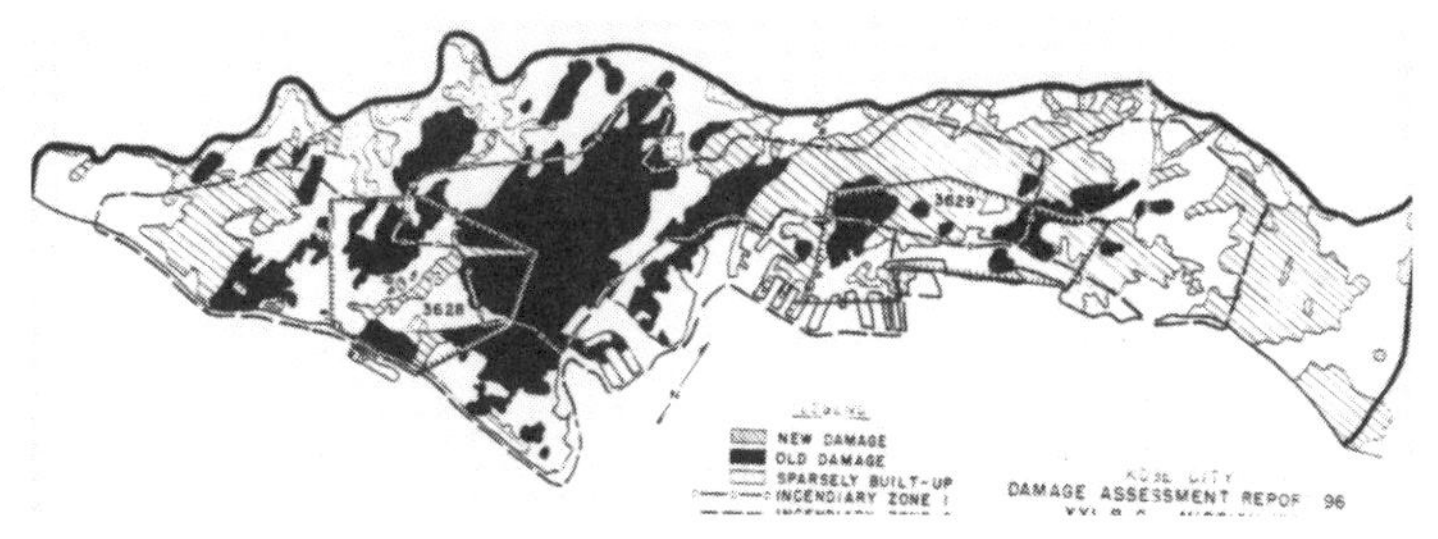

図版２－４　３月17日に黒塗り部分、６月５日に斜線部分が空爆で焼失した神戸。市街地の56％が焼き払われた。〈空襲損害評価報告書〉96号より

図版２－５　６月５日の空爆で炎上する神戸市長田区から須磨区の空撮写真。〈空襲損害評価報告書〉96号より

た岡さんが目にしたのは、音もなく炎を上げる庭木と散らばる焼夷弾だった。

神戸市須磨区の自宅周辺は、あっという間に燃え上がりはじめた。当時、岡さんは高等女学校1年。船員だった父親は、軍属として戦地に赴（おもむ）いていて不在だった。「父がいないから自分がしっかりしなければ」と考えていた。

海側に逃げるのか、山側に逃げるのか。このときの判断が分かれ目となった。母親と祖母、幼い弟2人に防火用水の水をたっぷりかぶせて、海岸を目指した。

通りは避難者であふれていた。怒鳴り声にわめき声。突き飛ばされては転び、転んでは蹴飛ばされた。

途中に大きな防空壕があった。2歳児を背負った母親が押されるままに入ろうとした。

四方は火の海。防空壕に入れば蒸し焼きになるのは間違いない。たとえ危険だとわかっていても、みなが入っていくんだから助かると思ってしまう。母親はすでに正常な判断ができなくなっていたのかもしれない。

「こんなところへ入ったら駄目」と引きずり出した。

たどり着いた電車道では、無数の焼夷弾が火を噴いていた。飛び散った油が広がり、道路自体が燃え上がっていた。

そこへ激しい爆音が響き、爆弾が落ちてきた。破片が目の前をかすめたと思うと、隣にいた母親が倒れて動かなくなった。

母親の顔は苦痛にゆがみ、胸は血で染まった。母親は「弟を連れて逃げて」と口にした。岡さんは「誰か来て」と叫んだが、どうにもならない。服に燃え移る火を転がって消し、意識が遠のく岡さんに、母親の声が聞こえた。

「一緒に死んで……」

そこへ警防団員らしき男性が駆け寄ってきた。母親の背中からもぎ取った弟を岡さんに押しつけて、

「あんたも死にたいんか。逃げろ。お母さんは後から連れていってやる」

と岡さんの背中を突き飛ばした。


どこをどのように逃げたのか。気がつくと海のそばにいた。

弟を抱いたまま、ひたすら行方不明の母親を捜した。血の臭いが充満する救護所で包帯の顔を一人ずつ見て回った。遺体安置所にはどうしても入れなかった。

「1週間は何を食べていたのか。どこをどう歩いたのか。何も覚えていません」

母親はお寺の境内（けいだい）で見つかった。

しかし、親戚から「見にいくな」と言われた。亡くなった母親の姿を見ていない。

「夢に出るのは後ろ姿ばかりで、いくら呼んでも振り返ってくれません」

岡さんは、3ヵ月前に卒業したばかりの国民学校の教室で、避難生活を送る。学校のそばのコンクリートの深い溝には、まるで判子(はんこ)を押したように黒い人影が無数に残っていた。溝に避難した多数の人が亡くなっていた。

岡さんが寝起きしていた隣の教室で、赤ちゃんが生まれた。教室にいるのは着の身着のままで逃げてきたすすだらけの被災者ばかり。岡さんのかばんには小さな外国製の石けんが入っていた。父親が買ってきてくれたお土産で、どんなときも肌身離さず持ち歩いていたが、赤ちゃんの体を洗うために差し出した。

生き残った人。

亡くなった人。

助けられた人。

助けた人。

そして新たに誕生した小さな命。

凄絶(せいぜつ)な体験を訥々(とつとつ)と話す岡さんは、こう締めくくった。

「人の情けで生きてきました」

焼夷弾と破片爆弾の時間差攻撃の意味

岡さんの母親を直撃したのは「破片爆弾」だったとみられる。

破片爆弾は長さ50センチ、直径９センチ、重さ９キロで、らせん状に鉄が巻かれた爆弾。爆発すると、らせんが寸断されて数センチの鋭い鉄片となって飛び散った。

殺傷力がきわめて高く、薄い鉄板は簡単に突き破った。爆弾自体の破裂で破片が飛散するので破砕爆弾ともいわれる。20発を束ねた親爆弾が投下され、途中で親爆弾が開き、地上に20発が落下した。

この日の空爆についてまとめた〈作戦任務報告書〉（Tactical Mission Report）１８８号から、破片爆弾に関連する記述を見ていこう。

「積載爆弾」の項目に「消火活動を妨害するためのＴ４Ｅ４（破片爆弾）集束弾の搭載が各機に許可された」と記されている。全機に20発をまとめた集束弾が搭載され、その使用については各機の判断に任されていた。

米軍は、神戸を「消火栓が十分に配置され、消防施設が最も近代的」と評価していた。破片爆弾の使用は、近代的な設備を駆使した消火活動の妨害を理由とした。

使用は各機の判断とされながら、ほとんどの機が投下している。この日の空爆では７８８０発の破片爆弾が落とされた。

神戸への大規模な焼夷弾攻撃のたびに、米軍が大量の破片爆弾を投下していたことは、〈作戦任務報告書〉の使用爆弾の項を見れば一目瞭然だ。

2月4日　1500発
3月17日　2150発
6月5日　7880発

それでは神戸以外の大都市への空爆ではどうだったのだろうか。大規模な空襲を受けていない京都以外の都市について、調べてみた。

大阪　6月1日　9020発
　　　6月7日　5200発
名古屋　3月19日　20発
東京　なし
横浜　なし

大阪で大量投下された記録が残るが、6月の2回にとどまっている。神戸では空襲のたびに投下されており、その徹底さが際立っているのがわかる。

「神戸だけに、なぜ」の疑問が残る。

神戸の消防設備は日本で最も近代化されていたかもしれないが、東京や横浜、名古屋の消防活

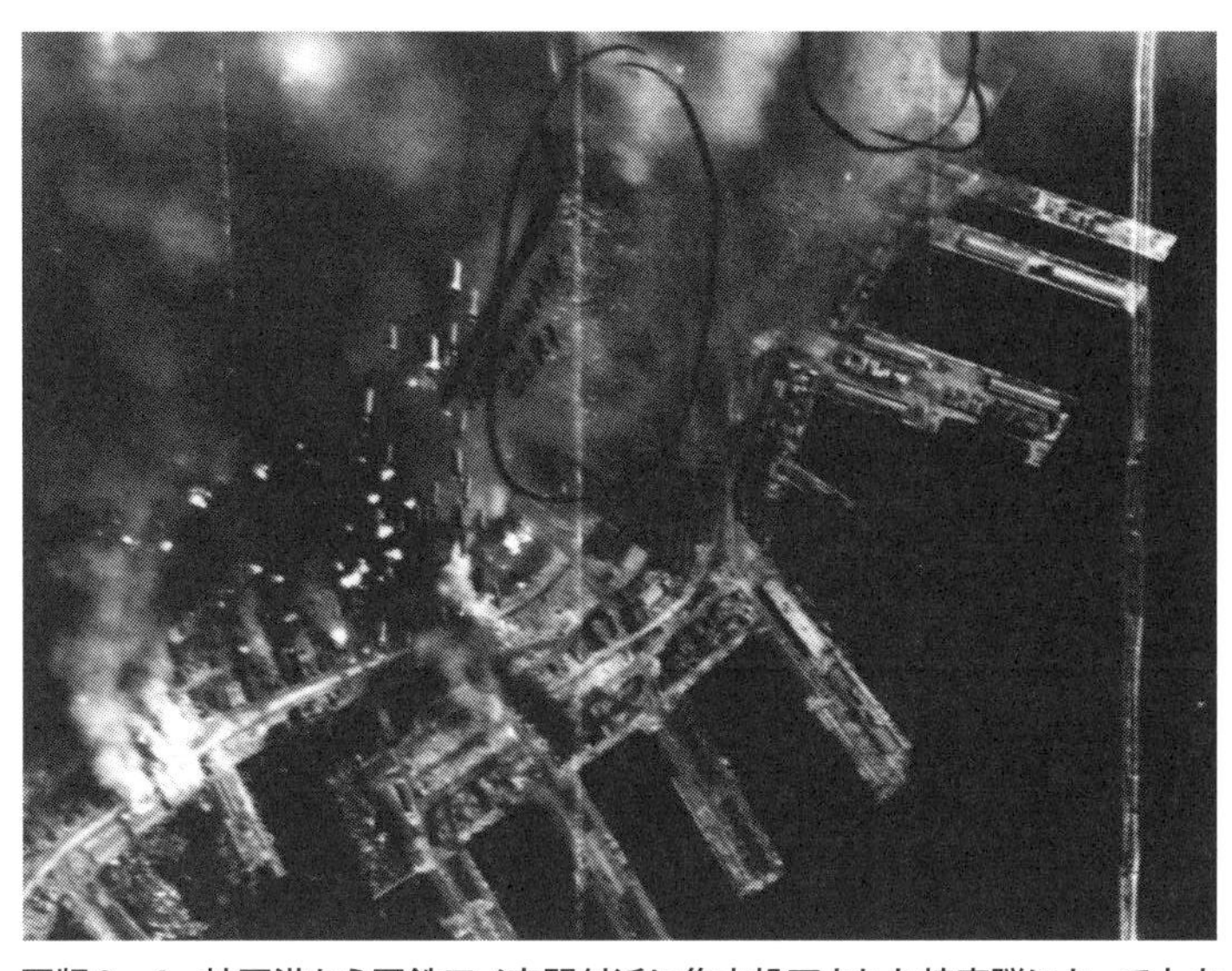

図版２－６　神戸港から国鉄三ノ宮駅付近に集中投下された焼夷弾によって大火災が引き起こされた。〈空襲損害評価報告書〉96号より

動が劣っていたということはないだろう。
　米軍は神戸の消防設備のレベルの高さを評価する一方で、このような分析もしていた。

「神戸市内は水の供給が十分ではなく、大規模な火災の消火には不適当と考えられる。消防施設が最も近代的に整備されているにもかかわらず、水の供給が貧弱なことと水圧が不適切であることで、施設の効果が減じられている」

　神戸の消防能力は、その設備にともなったものではないと判断していた。破片爆弾を大量に使用しなければ妨害できないほどの高い消防能力はないと考えていたわけだ。
　破片爆弾を特定の都市に集中して使用することで、その効果を検証しようとしていた意図が見え隠れする。

焼夷弾による火災（図版2－6）が発生して消防活動がはじまった頃に、破片爆弾が大量に投下される。それは同時に避難のピークを迎えるときでもある。

猛火から逃げ惑う被災者を狙い撃ちするかのように、多くの破片爆弾が落とされたのではないか。消防活動の妨害は表向きの理由に見えてくる。

「母は弟を背負ったまま鉄片を浴びて倒れた」

空襲体験者には、破片爆弾はほとんど知られていない。

母親が亡くなった岡さんは、「ずっと高射砲の破片が当たったと思っていた」と言う。

私がいままでに取材した神戸での被災者の証言や、「神戸空襲を記録する会」が1972年に発刊した体験談集『神戸大空襲』から、破片爆弾が関係するとみられる証言を集めてみた。

「火の手を逃れて燃え上がる街をぼう然と見ていたら、突然足に激痛が走った。鋭い鉄の破片の直撃を受けた。米を入れていた缶にも鉄片が突き刺さっていた。高射砲の砲弾の破片が落ちてきたと聞いた」

「次々と焼夷弾や爆弾が降ってきた。飛び散った破片に腹と足を貫かれた。破片が頭部を直撃した母親は亡くなった」

「路地を出ようとした瞬間に小型爆弾が一大音響とともにさく裂した。先に出ようとしていた女性がアッといって私の手にぶら下がった。のどに破片が当たったのか、手をのどにあてると崩れ落ちていった」

「防空壕に入ろうとしたときだった。母は幼い弟を背負ったまま体中に破片を浴びてその場に倒れてしまった。母はそのまま息を引き取った」

「おにぎりを詰めた重箱を持って避難していたら、すごい音とともに重箱が粉々に壊れた。鉄片が刺さっていた。もう少しずれていたら体に当たって大けがをしていた。焼夷弾の破片が飛び散ったと思った」

他都市の被災者の証言と比較すると、「鉄の破片で亡くなった」「鉄片で大けがをした」という証言が神戸でけた外れに多いことに気づいた。単なる偶然ではないだろう。

もちろん、いまとなっては高射砲の破片だったのか、米軍機が投下した破片爆弾だったのか証明しようがない。

しかし、米軍が大量の破片爆弾を落としたことは事実だ。

神戸の市街地は東西に細長く伸びている。火災が発生し拡大すると、山のある北側か、海のある南側に逃げるしかない。自然と被災者の流れは決まり、集まる地点は固まってくる。

爆発すれば四方八方に鉄の破片が飛び散って、無差別に人間を殺傷する爆弾だ。米軍が神戸で、その実証実験を実行しようとしたというのは邪推(じゃすい)だろうか。

3　港湾封鎖の餓死作戦

5～6月　神戸港

1万発の機雷投下による兵糧攻め

米軍がつけた作戦名は、そのものズバリだった。

「餓死（ＳＴＡＲＶＡＴＩＯＮ）作戦」

米軍の空爆は軍事施設や住宅地、工業地帯を狙っただけではない。海の物流を止めるために、海峡や港湾に大量の機雷を投下した。海の玄関口として歴史を積み重ねてきた神戸港も１９４５年６月、ほぼ封鎖されてしまった。

１９４５年3月下旬から8月にかけて米軍は、日本本土沿岸で46回にわたって機雷の投下作戦を実施した。当初は沖縄への物資輸送と、朝鮮半島との往来阻止が目的で、関門海峡と広島湾が標的になった。

5月以降は瀬戸内海、東京湾、伊勢湾のほか、日本海側の主要港が対象となり、日本の海上交通は壊滅した。投下された機雷は１万発ともいわれ、敗戦後も触雷した船の沈没事故が相次いだ。

陸地への空爆と異なり、機雷投下自体で犠牲者が出るわけではない。作戦自体が目立たないせいか、あまり知られていない。

しかし、米軍による主要港湾への徹底した機雷封鎖で、食糧や燃料の陸揚げができなくなった。港を押さえた兵糧攻め（ひょうろうぜめ）は、市民に文字どおりの「餓死」の恐怖をもたらした。日本を敗戦に追い込む「トドメ」の一つになったことは間違いない。

偵察で丸裸にされていた神戸港内

米軍はどのようにして神戸港に対する「餓死作戦」を進めていったのか。

〈作戦任務報告書〉（Tactical Mission Report）に加えて、神戸港の船の出入りや停泊の状況を調査してまとめた〈船舶報告書〉（Shipping Report）から、神戸港が機能を停止するまでをたどってみる。

米軍は、「ＫＯＢＥ―ＯＳＡＫＡ機雷投下作戦」として、大阪湾を一括して実施した。ほとんどが神戸港と大阪港への投下だったことはいうまでもない。５月３日から7月19日のあいだに計６回実施した。

最も大規模だったのが５月３日で、Ｂ29爆撃機35機が来襲し、３０８発の機雷を投下した。つづいて5月5日に70発、６月17日に78発、同21日に71発、同27日に76発、７月19日に49発を投下した。

投下した機雷は1種類ではない。船体の鉄によって生じる磁気反応を利用する磁気機雷、船の航行音に反応する音響機雷、船のスクリューで起こる圧力に反応する水圧機雷など、さまざまな機雷を投下した。

種類が増えれば増えるほど、何が原因で爆発するのか見当さえつかず、日本側の掃海(そうかい)は困難を極めた。

「飢餓作戦9号」（5月5日）についてまとめた〈作戦任務報告書〉150号は、次のように投下状況を報告している。

「大阪湾へ10機。磁気機雷10発、音響機雷5発、水圧機雷55発の計70発を投下した」
「結果は良好。5月3日に封鎖した神戸―大阪は、さらに封鎖が強化された。瀬戸内海は1～2週間の封鎖が期待できる。数週間にわたり日本の船舶は苦しめられるだろう」

さらに「飢餓作戦23号」（6月17日）をまとめた〈作戦任務報告書〉205号を見ると、日本側には機雷を掃海する余力はなく、なす術(すべ)がなかったことがうかがえる。6月下旬には神戸港は大阪港とともに永続的に封鎖されたようだ。

「大阪湾へ7機。磁気機雷55発、音響機雷23発の計78発を投下した」

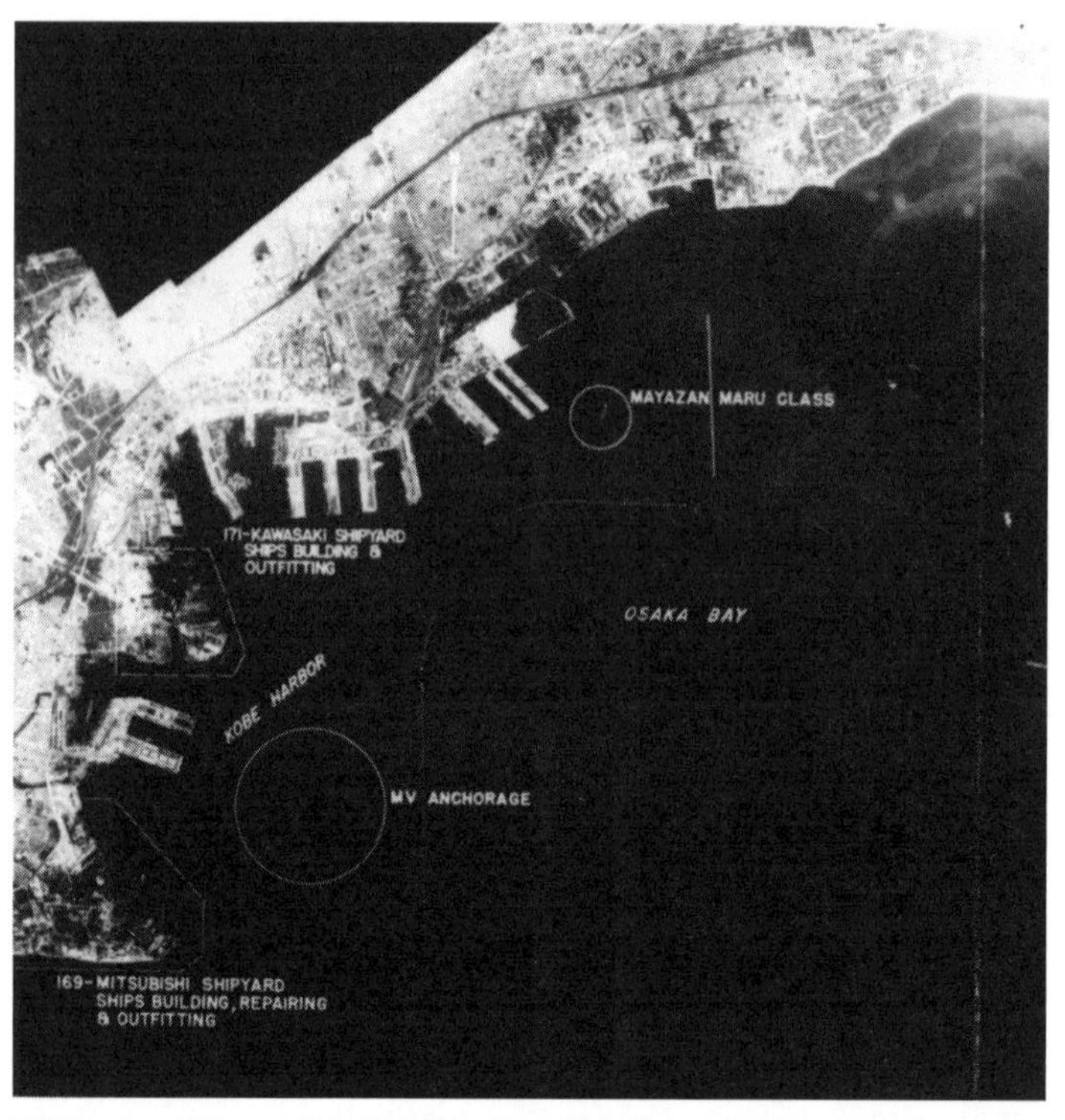

図版2－7　6月10日付で米軍が作成した神戸港内の船舶図。神戸港の航空写真に、停泊する船舶や投錨地の状況を正確に書き入れている

「神戸の投錨地への機雷は船を追い出し、これ以上の停泊を思いとどまらせることになる」

　機雷封鎖をくわだてる米軍は、しばしば神戸港を偵察し、定期的に〈船舶報告書〉を作成している。

　たどっていくと、神戸港が身動きの取れない港におちいっていく様子が手に取るようにわかる。そして、ここまで細かく港内を把握されていたのかと驚くばかりだ（図版2－7）。

〈船舶報告書〉2号（3月28日）

「海軍艦船は14隻を目視で確認。2月27日の最後の確認以来、少し配列が変わった。9隻の汽船のうち7隻が動いているか修理中。ほかの海軍艦船（空母1隻、軽空母2隻、護衛艦1隻、砲艦1隻）は損害を受けているか、修理中か艤装中。102メートルのナツキ級駆逐艦は港を離れた。この駆逐艦は1月20日に川崎造船所で修理中だった」

「商船は37隻を目視で確認。59隻を確認した2月27日の後、大きく減っている。減ったのはおそらく3月19日の米海軍機の攻撃の成果だろう。活動中29隻32万8000トン、建造中5隻4万トン、艤装中2隻1万6000トン、修理中1隻6000トン」

〈船舶報告書〉24号（6月5日）

「海軍艦船は5月20日の報告10号の確認後、9隻が入港、4隻が出港。現在、時雨級駆逐艦1隻、護衛艦1隻、汽船7隻の計9隻」

「商船は建造中、修理中、艤装中含めて31隻」

〈船舶報告書〉40号（7月24日）

「海軍艦船は6月10日の報告書26号の確認後、3隻が入港。現在、駆逐艦1隻、軽空母1隻（5月26日から防波堤につながれたまま）、汽船8隻など計12隻」

「商船は23隻で、活動中10隻、艤装中6隻、建造中2隻、修理中1隻、座礁（ざしょう）1隻、おそらく座礁している船舶2隻、帆船（はんせん）2隻」

7月末ともなると痛々しささえ感じてしまう。神戸港は丸裸同然だった。防波堤につながれたままの軽空母や、座礁したまま放置されている船まで記録しているのは米軍の余裕だろうか。なによりも寂しさが漂うのが、物資輸送に帆船を使っていることまで米軍に知られてしまっていたことだろう。

ミナト・コウベは見る影もなくなっていた。

食糧陸揚げついにゼロ

実際にはどんな影響があったのだろうか。

米国戦略爆撃調査団は、戦時中の物流や海上輸送を調べるために、神戸港についての統計文書を押収している。敗戦直後にありとあらゆる公文書が焼却されたなかで、かろうじて残っていたようだ。

神戸海運監理部の「神戸港主要品目別入貨量調査」で食糧の入荷について見てみる。6月以降は食糧の陸揚げがほぼ止まっていたことがわかる（図版2-8）。

月別＼品名	大豆	米、麦	高梁	雑穀	砂糖
20年1月	5,636	8,518	3,490	5,762	5,188
2月	2,649	6,718	0	1,423	0
3月	4,239	9,944	0	2,965	2,660
4月	11,337	14,309	3,518	894	0
5月	5,262	0	0	566	0
6月	0	0	0	142	0
7月	0	0	0	120	0
8月	0	0	0	0	0
9月	0	0	0	0	0
10月	0	0	0	0	0
計	29,123	39,489	7,008	11,867	7,848

図版２－８　神戸海運監理部による「入貨量調査」。６月から敗戦の８月まで、そして９～10月も食糧入荷がほぼなかった。〈米国戦略爆撃調査団文書〉より

▽４月　大豆１万１３３７トン、米麦１万４３０９トン、高粱（コーリャン）３５１８トン、雑穀（ざっこく）８９４トン、砂糖０
▽５月　大豆５２６２トン、米麦０、高粱０、雑穀５６１トン、砂糖０
▽６月　大豆０、米麦０、高粱０、雑穀１４２トン、砂糖０
▽７月　大豆０、米麦０、高粱０、雑穀１２０トン、砂糖０
▽８月　大豆０、米麦０、高粱０、雑穀０、砂糖０

６月と７月に１００トン余の雑穀の陸揚げが記録されているにすぎない。

食糧以外の入荷も惨憺（さんたん）たるものだ。ちなみに７月の実績を見てみると、

・石炭　1058トン
・銑鉄（せんてつ）　120トン
・鋼材　3383トン
・くず鉄　0トン
・セメント　0トン
・塩　0トン
・硫安（りゅうあん）（硫酸（りゅうさん）アンモニウム）　0トン
・黒鉛（こくえん）　0トン
・木炭　0トン
・鉱油　0トン
・植物油　0トン
・木材　433トン

致命的だったのは、やはり食糧の入荷が止まってしまったことだった。頼みの鉄道輸送も、たび重なる空襲と軍事物資優先で思うように進まなかった。京阪神への食糧輸送の玄関口だった神戸港の機雷封鎖は、トドメを刺したともいえる。

米軍の神戸港への「餓死作戦」は着実に効果を上げ、食糧不足は極限に達していた。

日本本土への空襲などについてくわしい大阪電気通信大学名誉教授の小田康徳さんは「船舶が使えなくなったときの影響は、関東より関西のほうが大きかったと思う」と指摘する。「戦後、機雷の処理作業中に犠牲になった人が大勢いるが、あまり注目されない。機雷封鎖された〝海の戦争〟が終わるまでに長い時間がかかったことを、忘れないでほしい」とも話している。

米軍は約1万個の機雷を日本全国に投下した。戦時中に処理できたのはその4割程度で、6000個以上の機雷が沿岸に残ったといわれている。敗戦直後は残存機雷の爆発による被害がつづき、掃海作業に従事した旧日本海軍兵士も多数犠牲になった。

日本沿岸の「安全宣言」が出たのは1952年。敗戦から7年後のことだった。だが瀬戸内海には、まだ敷設された機雷が残っている可能性があるという。

4　身代わり被弾

6月9日　兵庫県明石市

精度の低いレーダーで誤爆

　太平洋戦争末期の日本本土空襲で、被災者の生々しい記憶の一つに「軍需工場爆撃の巻き添え」がある。

　大規模な軍需工場は住宅地域に近接していることが多かった。工場の規模が大きければ大きいほど、周辺に居住する従業員とその家族の数は増え、住宅地域は拡大していく。米軍の爆撃の巻き添えになる可能性は格段に大きくなった。

　住宅地域への焼夷弾爆撃は、あらかじめ設定した爆撃中心点の近くに集中的に投下して、火災を発生させ拡大させていく方法をとる。爆撃中心点から半径1キロ程度に落とせば、火災は互いにつながって拡大していく。厳密な精密さは求められない。

　一方で軍需工場への爆弾投下は、数百メートルの精度が要求された。目視で修正しながら投下しなければならない。悪天候などで地上が確認できないときは、レーダーに頼らざるをえなかっ

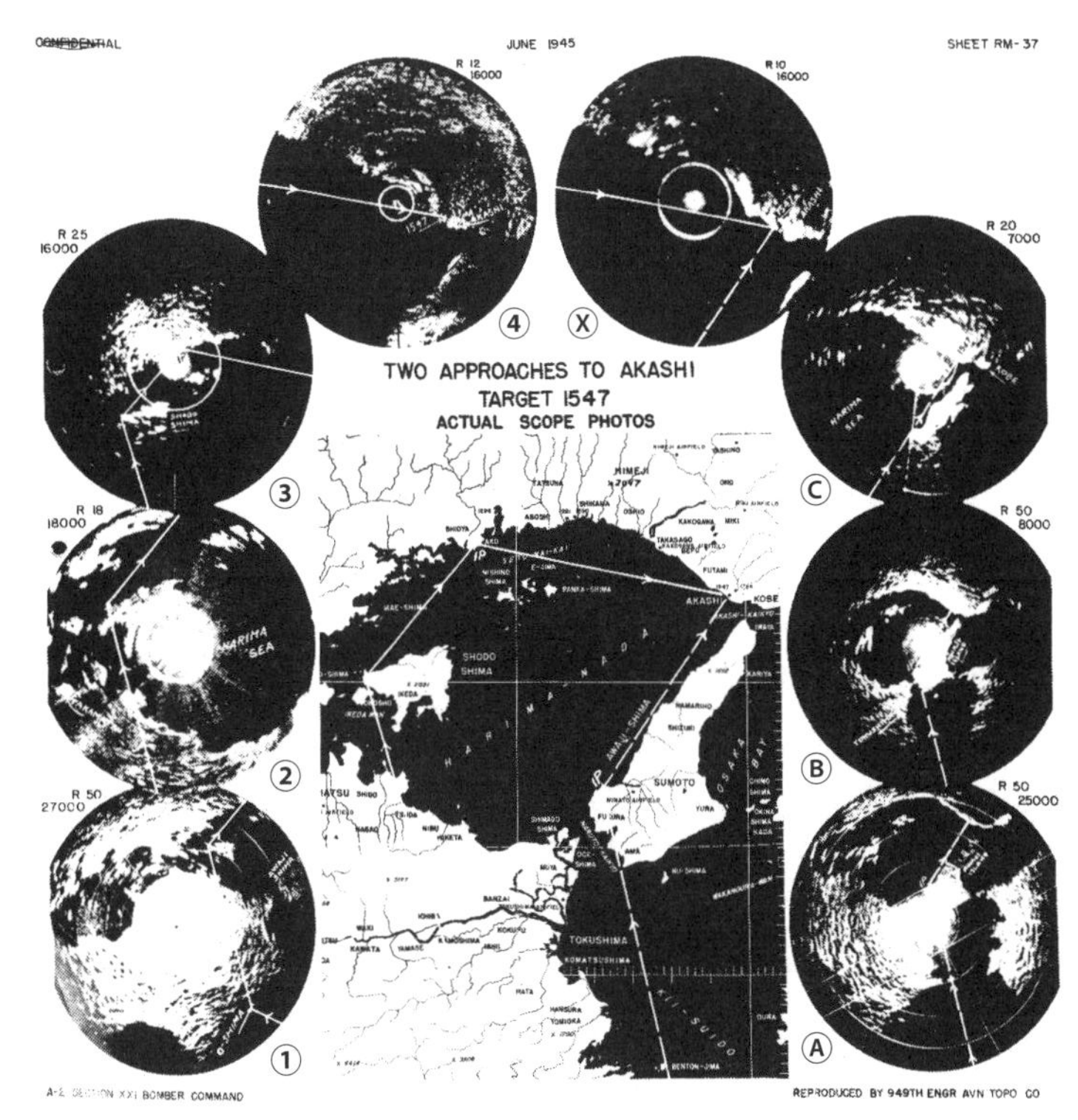

図版2－9　6月9日の川崎航空機明石工場への2つの空爆ルート。①－②－③－④は四国から小豆島を経て明石（ⓧ印）へ、Ⓐ－Ⓑ－Ⓒは紀伊水道から淡路島を経て明石（ⓧ印）へ（編集部加工）。それぞれ上空から撮影したレーダー画像で示している。レーダーでは陸地はぼんやりと見える程度だが、荒天時には目視では地上はほとんど見えず、このレーダー画像を頼りに爆撃を実行した。〈作戦任務報告書〉192号より

た。

　しかし当時のレーダーの性能は現代とは比較にならないほど低かった。海や川と陸地の区別がつく程度だったといわれている。大きな道路や巨大な施設の見分けがつく場合もあったというが、心許(こころもと)ないものだった（図版２－９）。

　１９４５年６月９日の川崎航空機明石(あかし)工場（兵庫県明石市）への空爆は、投弾した2トン爆弾がすべて工場を外れた。外れた爆弾が住宅地を直撃する誤爆だった。

　それは「巻き添え」というような生易(なまやさ)しいものではなく、完全な「身代わり」だった。

1キロ外れた市街地にすべて着弾

　米国戦略爆撃調査団がまとめた同工場への空爆記録のなかに、目標を完全に外したことを示す克明(こくめい)なデータが残されていた。米軍が爆撃後に作成した報告書には、目標の工場を通り過ぎて爆弾を投下したことを示す航空写真が含まれている。

　川崎航空機明石工場は当時、三式戦闘機「飛燕(ひえん)」など陸軍の最新鋭戦闘機のエンジンを製造する全国有数の軍需工場だった。米軍は最重要の攻撃目標の一つとして、１９４５年1月からくり返し爆撃した。

　６月９日、米軍はＢ29爆撃機24機で来襲した。

　米軍にとって、この日の明石工場への爆撃は特別な意味合いを持っていた。日本本土空爆では

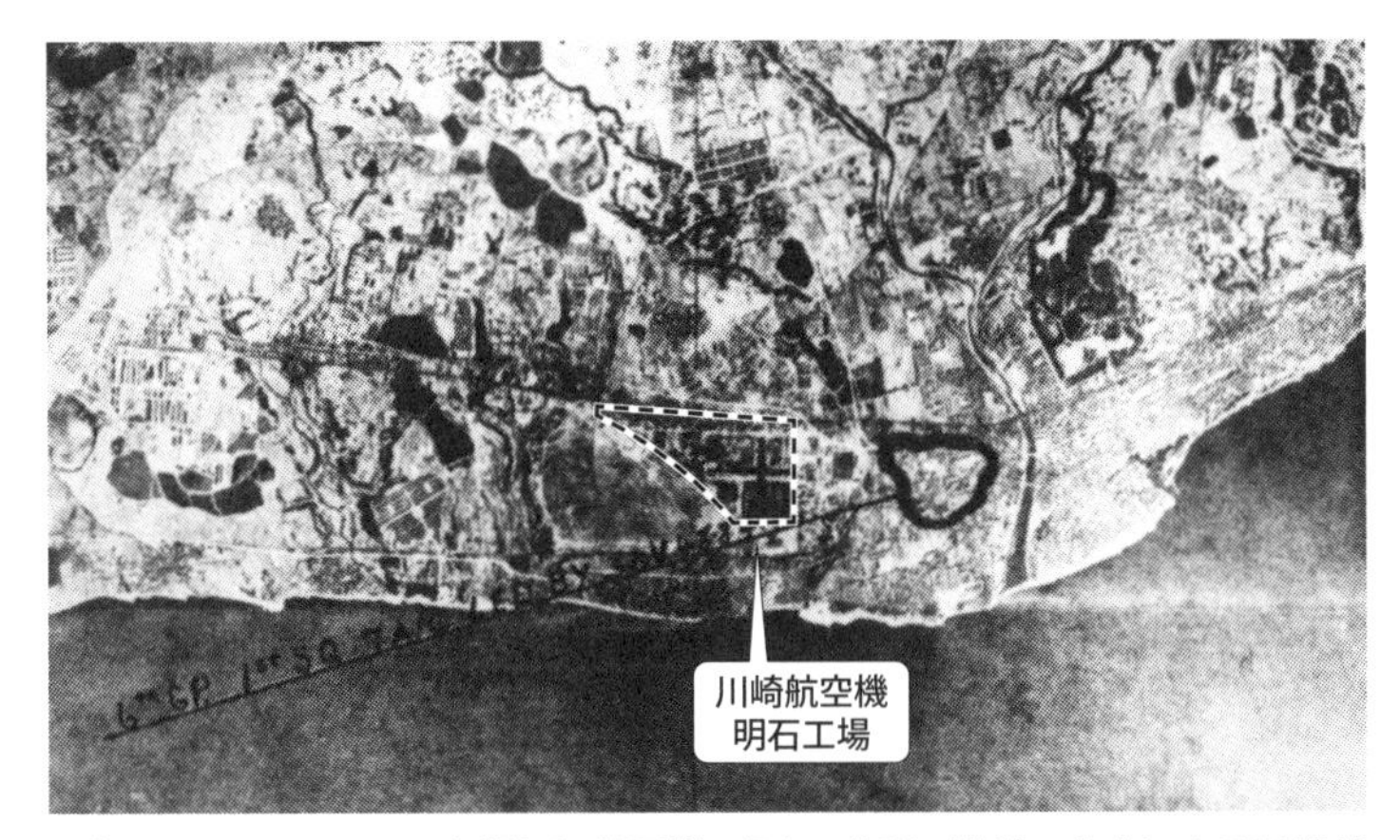

図版２－10　６月９日に空爆した米軍機のうち１分隊７機が、中央にある川崎航空機明石工場（白点線の囲み部、編集部加工）を通り越して住宅地域を爆撃したことを示している。〈攻撃報告書〉102号より

図版２－11　６月の２トン爆弾による誤爆で大きな被害を受けた明石の市街地は、翌７月の焼夷弾による空襲で焼き尽くされて壊滅した。〈米国戦略爆撃調査団文書〉より

初めて、2トン爆弾を投下することになっていたからだ。半径500メートルを跡形もなく破壊し尽くす超大型爆弾のデビュー戦だった。

爆撃時間は午前9時52分からわずか2分間。上空5000メートルから2トン爆弾72発を投下した。

2トン爆弾の破壊力を存分に発揮させようとの目論見(もくろみ)は、梅雨の悪天候に阻(はば)まれた。雨雲が厚く垂れ込めていたため、目視による爆撃ができず、レーダーを使って投下した。

実戦で初めて使用する超大型爆弾を、レーダーだけを頼りに目標地点に落とすというきわめて困難な任務を強いられることになった。

結果は無残だった。

工場から南東に1キロ近くも離れた市街地にすべて着弾してしまった（図版2－10、11）。

爆撃の4日後にまとめられた〈攻撃報告書〉（Strike Attack Report）102号は、正直すぎるのではないかと思うほど、完全な失敗であったことを認めている。

「目標の上空の8～10割は雲に覆われていた。爆撃はレーダーによっておこなった」

「工場に損害を与えなかった。目標から約900メートル離れた明石市街地に射弾散布が認められた」

米軍は爆弾による攻撃に際して、空爆中に着弾を確認するとともに、空爆後の写真撮影で爆発した数を解析している。しかし、この日の空爆は不明な点があまりにも多く、散々な結果になった。

目標での爆発総数　不明
爆撃の正確性　　不明
目標を通り越して落とした爆弾総数　　72発
目視できなかったが推定される爆発総数　21発
爆撃中心点から３００メートル内の爆発総数　　不明
爆撃中心点から３００～６００メートル内の爆発総数　不明
爆撃中心点から６００～９００メートル内の爆発総数　不明
爆撃中心点から９００メートル以上の爆発総数　　21発

爆発が確認できたとする21発も、あくまでも推定だった。目標をはるかに通り越して住宅地を直撃したはずだが、どこに落ちたのかさえ確認できなかったというのが真相だった。

２トン爆弾の明石でのデビュー戦は米軍の大失敗に終わった。一方で、非戦闘員が居住する住宅地域を一瞬のうちに地獄絵にしてしまった。

米軍資料をもとに空襲の研究をつづけている中山伊佐男さんは「米軍が初めて2トン爆弾を使った特筆すべき空襲だ。当時のレーダーは性能が低いうえに、まだ慣れていない2トン爆弾の投下で目標を外したのだろう。完全な誤爆だったことを示す衝撃的な資料だ」と指摘する。

そして「現代の戦争でも誤爆で多くの非戦闘員が犠牲になっている。歴史がくり返されている」と話している。

永井荷風も着の身着のまま逃げ出した

2トン爆弾の破壊力は凄まじかった。

『明石市史』によると、わずか2分間の爆撃で644人が亡くなり、一瞬にして民家1227戸が跡形もなく全壊し、罹災(りさい)者は1万人近くに達した。

明石市民には「川崎航空機の工場から少しでも遠いところが安全」というのは常識だった。空襲警報が発令されたら、工場から約2キロ離れた明石公園に避難することが多かった。工場で働いていた人たちも、できるだけ工場から離れようと明石公園に逃げたようだ。

ところがこの日は、これがあだとなった。

2トン爆弾は明石公園にも落下した。「工場から少しでも離れて」が、逆に2トン爆弾の落下に接近することになる。避難先で直撃を受けるという悲劇で、多くの市民が犠牲になった。

文豪・永井荷風(ながいかふう)はこの日、明石で2トン爆弾の空襲に遭遇(そうぐう)している。

荷風は1945年3月から4回にわたって空襲で被災し、住まいや宿舎を追われている。日記『断腸亭日乗』や被災体験をまとめた『罹災日録』にくわしく書き残している。

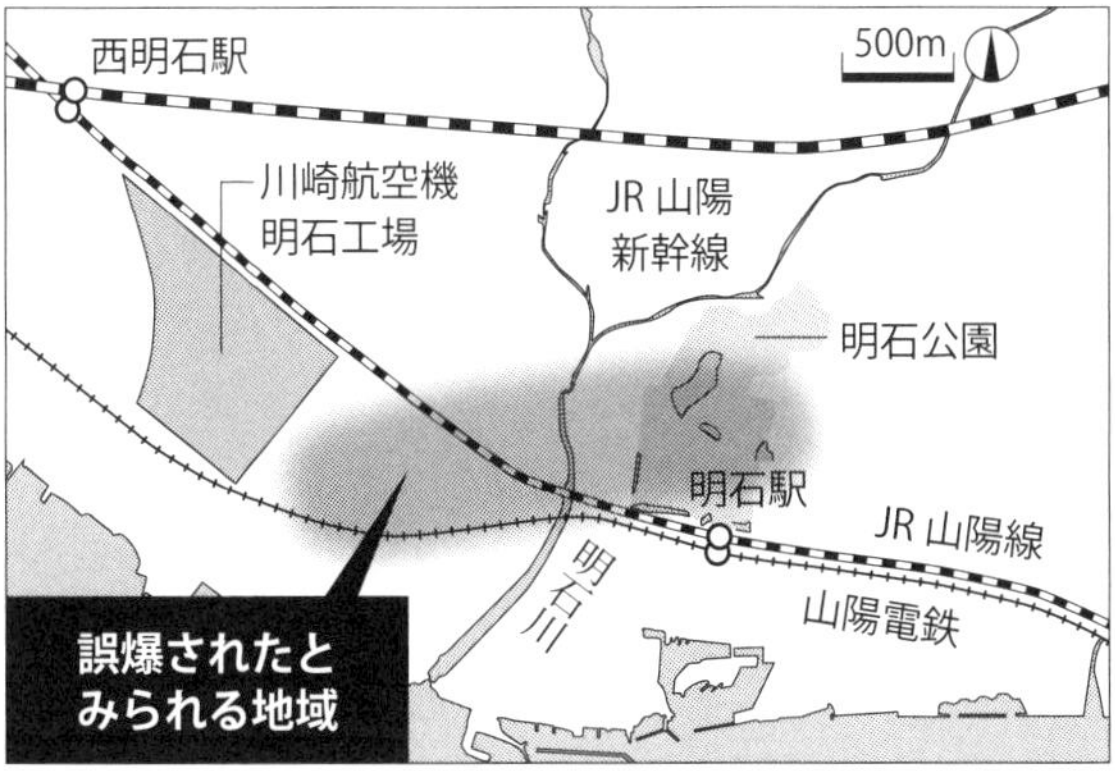

図版2－12　川崎航空機明石工場と明石公園

荷風は3月10日の東京大空襲で麻布区（現港区）の自宅を焼け出された。日誌と草稿が入った手提げかばんだけを持って、着の身着のままで避難している。これが空襲からの逃避行のはじまりだった。

次に移り住んだ中野区住吉町（現東中野）のアパートも、5月25日の空襲で跡形もなく焼けてしまった。そこで知人を頼って明石へ避難する。

苦心惨憺して乗車券を手に入れた荷風が明石に到着したのは、6月3日。わずか6日後に空襲を受けたことになる。工場から約5キロ離れた寺に滞在していたときに爆撃と遭遇した。

そのときの体験は『断腸亭日乗』『罹災日録』にくわしい。

警報が出た後、荷風は避難してきた人たちとともに寺の玄関に腰かけてラジオの情報放送を聞いていた。突然の大音響とともに建物が大きく揺れて砂煙が襲ってきたため、あわてて庭の防空壕に飛び込んだ。寺の中は戸や障子が吹き飛び、砂ぼこりに覆われていたという。

爆弾が落ちた地点から2～3キロ離れていたと思われるが、その爆風の威力をうかがい知ることができる。

もちろん当時、荷風は2トン爆弾の誤爆と知るよしもない。『罹災日録』の記述から、焼夷弾爆撃とは異なる衝撃を受けたことがよくわかる。

「昨日杖をついて歩いた城跡の公園に爆弾が落ちた」
「阪神の都市は連日爆撃されて交通が不自由」
「明石も遠からず焼き払われると流言が飛び交う」

荷風は「工場なく又食糧も豊か」な岡山に再疎開することを決めた。3日後には岡山に向けて出立している。明石での生活はわずか10日だった。

しかし、「工場なく又食糧も豊か」な岡山も、6月29日未明に空襲を受けた。荷風が逗留(とうりゅう)していた旅館は全焼し、またもや焼け出された。まるで空襲とともに西へ西へと避難を重ねたような荷風は、岡山市三門(みかど)町(現北区)に居を移し、岡山県北部に住んでいた谷崎潤一郎(たにざきじゅんいちろう)を訪ねた後に敗戦の報を聞いている。

1発で街を吹き飛ばす2トン爆弾の威力

6月9日に、2トン爆弾による米軍の爆撃を受けたのは明石だけではない。たった1発で一つの街を吹き飛ばすといわれた超大型弾は、各地で惨劇（さんげき）を生み出した。

明石を目指したのは当初は26機だった。しかし悪天候などの影響でこのうち2機は明石に向かうことができず、第2目標を爆撃している。

標的にされたのは高知飛行場だった。〈攻撃報告書〉102号によると、こちらは成果をあげている。

「2トン爆弾6発が臨機目標（高知飛行場）に投下された」

「2機が高知飛行場を爆撃した。1機が撮影した写真はとても良好な結果を示している。格納庫群に落ちた形跡と一つの格納庫近くに落ちた形跡があった」

このときは2トン爆弾を積んだままマリアナ基地に戻るのは危険と判断、重量のある爆弾を積載したままでは燃料も余分に消費するため、日本本土を離れる間際に、手近な目標として高知の飛行場を攻撃したのだろう。

高知飛行場の格納庫は跡形もなく破壊されたにちがいない。また強烈な爆風に襲われて、機能が完全に停止しただろう。

2トン爆弾のデビュー戦となったのは明石と高知だけではなかった。

同日、名古屋市にも2トン爆弾を積んだB29爆撃機42機が来襲している。名古屋も標的は軍需工場だった。軍用機を製造していた「愛知時計電機」と「愛知航空機」が爆撃された。

明石への空爆より少し早い午前9時17分からの6分間で、121発の2トン爆弾と23発の1トン爆弾を投下した。明石と違って雲はまったくなく、工場群がはっきりと見えたため目視での投下になる。当然、命中率はアップした。

〈攻撃報告書〉103号には見事な成果として記録されている（爆発総数の合計と投下した爆弾の総数は一致していない）。

爆撃中心点から300メートル内の爆発総数　46発（命中率31％）
爆撃中心点から300〜600メートル内の爆発総数　62発（命中率41％）
爆撃中心点から600〜900メートル内の爆発総数　29発（命中率19％）
爆撃中心点から900メートル以上の爆発総数　13発（命中率9％）

川崎航空機明石工場と比較すれば、当時のレーダー爆撃の精度の低さが一目瞭然だ。この爆撃で愛知時計電機の破壊率は、じつに95・７％に上った。文字どおり跡形もなく破壊し尽くされた。愛知航空機も53・６％の破壊率を記録している。

２トン爆弾の威力が数字から明確にわかるだろう。

犠牲者は２０００人以上にのぼった。これは名古屋市内の空襲では最多となる死者数だった。空襲警報を誤って解除したことが犠牲を大きくしてしまった。発令されていた空襲警報の解除で、避難していた人たちが工場内に戻ったところを爆撃されたからだ。まったくの不意打ちだった。無防備な人たちに１００発以上の２トン爆弾が一気に降り注ぐ悲劇となった。

5 勤労動員学徒へ雨あられの爆撃

7月24日 川西航空機宝塚製作所

勤労動員された学生・挺身隊

太平洋戦争末期の工業生産を支えていたのは、勤労動員の学生、生徒たちだった。旧制中学、師範学校、高等女学校、旧制高校、専門学校、大学と、ほとんど授業を受けることなく工場通いがつづいた。

空襲が激しくなると、死と隣り合わせの危険な日がつづくようになる。爆撃で被害を受けて閉鎖になると別の工場へ移り、工場が郊外に疎開すれば、また別の工場に移るといった具合に、短期間で工場を転々とする学生が少なくなかった。また資材不足や停電で出勤しても仕事がなく、工場外に出てしまう者もいたようだ。

たとえ空襲で大きな被害が出ても、学校側も工場側も、誰が実際に働いていたのかよくわからないというケースさえでてきた。

海軍の軍用機を生産していた兵庫県良元村（現宝塚市）の川西航空機宝塚製作所は、1945

年７月に米軍機の空爆を受けた。

わずか30分で見る影もない一面のがれきと化し、勤労動員の学生や女子挺身隊員が多数亡くなった。しかし、その実態はいまだに明らかになっていない。

30分間に何が起こったのだろうか。その実態がなぜ不明のままなのだろうか。

５００キロ爆弾約１０００発が集中投下

川西航空機宝塚製作所は当時、二式飛行艇、戦闘機「紫電」など海軍の軍用機を中心に製造していた。兵庫県内には宝塚製作所のほかに、鳴尾製作所、甲南製作所、姫路製作所などの工場があったが、１９４５年の米軍機による本土空爆で、すべての工場が壊滅的な被害を受けた。

〈作戦任務報告書〉（Tactical Mission Report）２８５号や〈空襲損害評価報告書〉（Damage Assessment Report）１５６号から、爆撃について見てみよう。

１９４５年７月24日午前10時33分から11時３分までの30分間、米軍のＢ29爆撃機77機による空爆を受けた。米軍は上空約６０００メートルから５００キロ爆弾９４９発を投下した（図版２－13）。

１トン爆弾や２トン爆弾と比べると、１発の爆発力は小さいものの、投下される爆弾の数は数倍になる。照準の微調整も容易で、まさしく「雨あられ」と爆弾が降り注いだにちがいない。

工場棟や資材倉庫、従業員寮など16万２３００平方メートルの建物のうち、85％を破壊した。

〈損害評価報告書〉に添付された弾着図を見ると、工場建屋（たてや）に無数の黒い点がついていることがわかる（図版2－14）。敷地内にいた人は身動きが取れなかっただろう。

その命中度の高さに米軍は驚いたようだ。

「爆撃の精度はすばらしく、目標点の半径1000フィート（約300メートル）以内への着弾率は49％に上った」

「目視で爆弾を投下した。後続の編隊は煙が目標を覆い隠したので爆撃が困難になってしまった」

命中度が高いのはいいことなのだが、あまり高すぎると大量の黒煙が発生するため、後続機は照準を合わせづらくなってしまう。やみくもに煙目がけて落とすしかなかった。

米軍は次のように着弾を確認した。

爆撃中心点から300メートル以内　418発
爆撃中心点から300～600メートル　342発
爆撃中心点から600～900メートル　56発
爆撃中心点から900メートル以上　33発

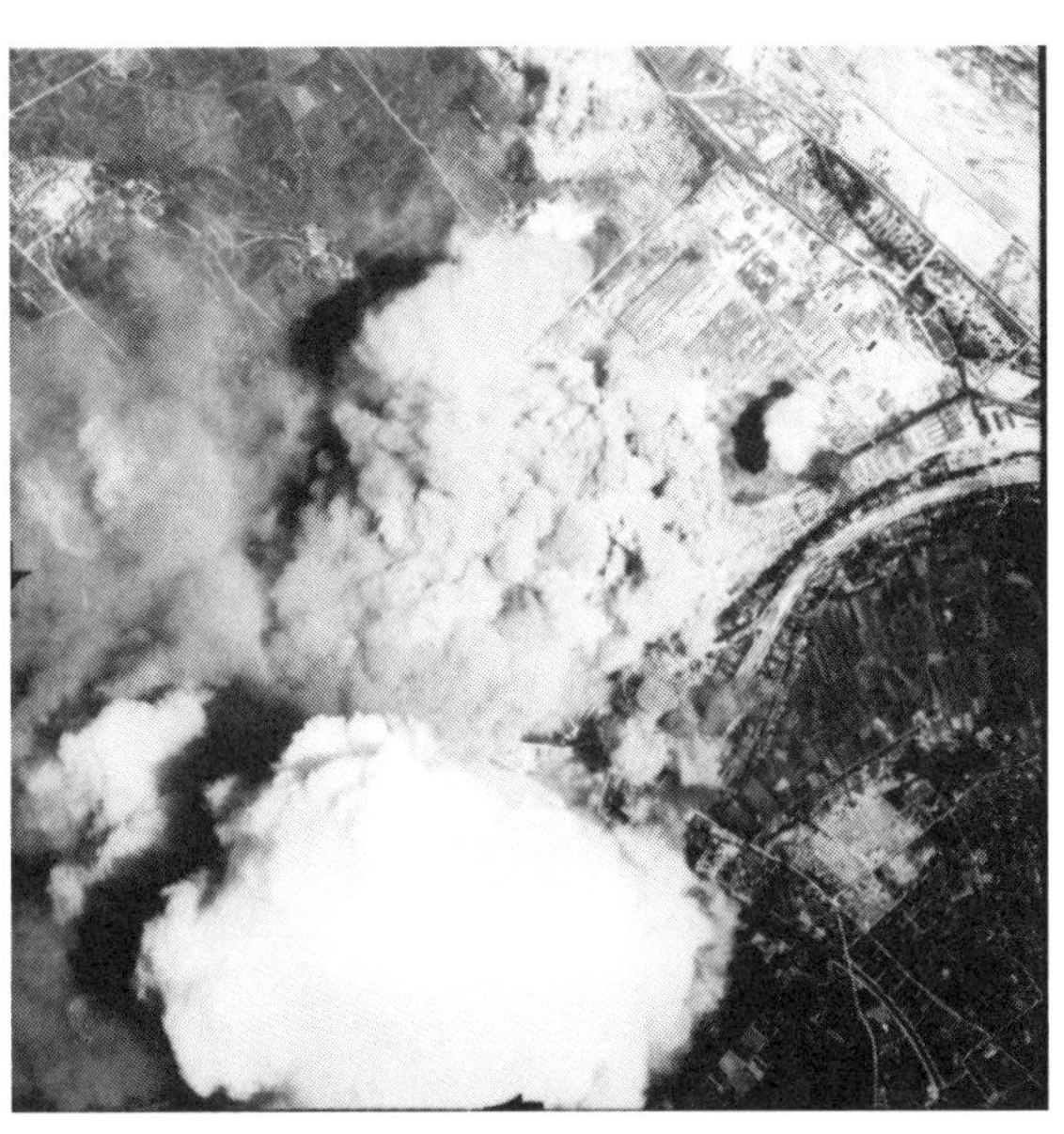

図版２－13（上）集中爆撃を受けて猛煙を上げる川西航空機宝塚製作所。右上が武庫川、右中から斜め下に伸びるのが仁川。〈空襲損害評価報告書〉１５６号より

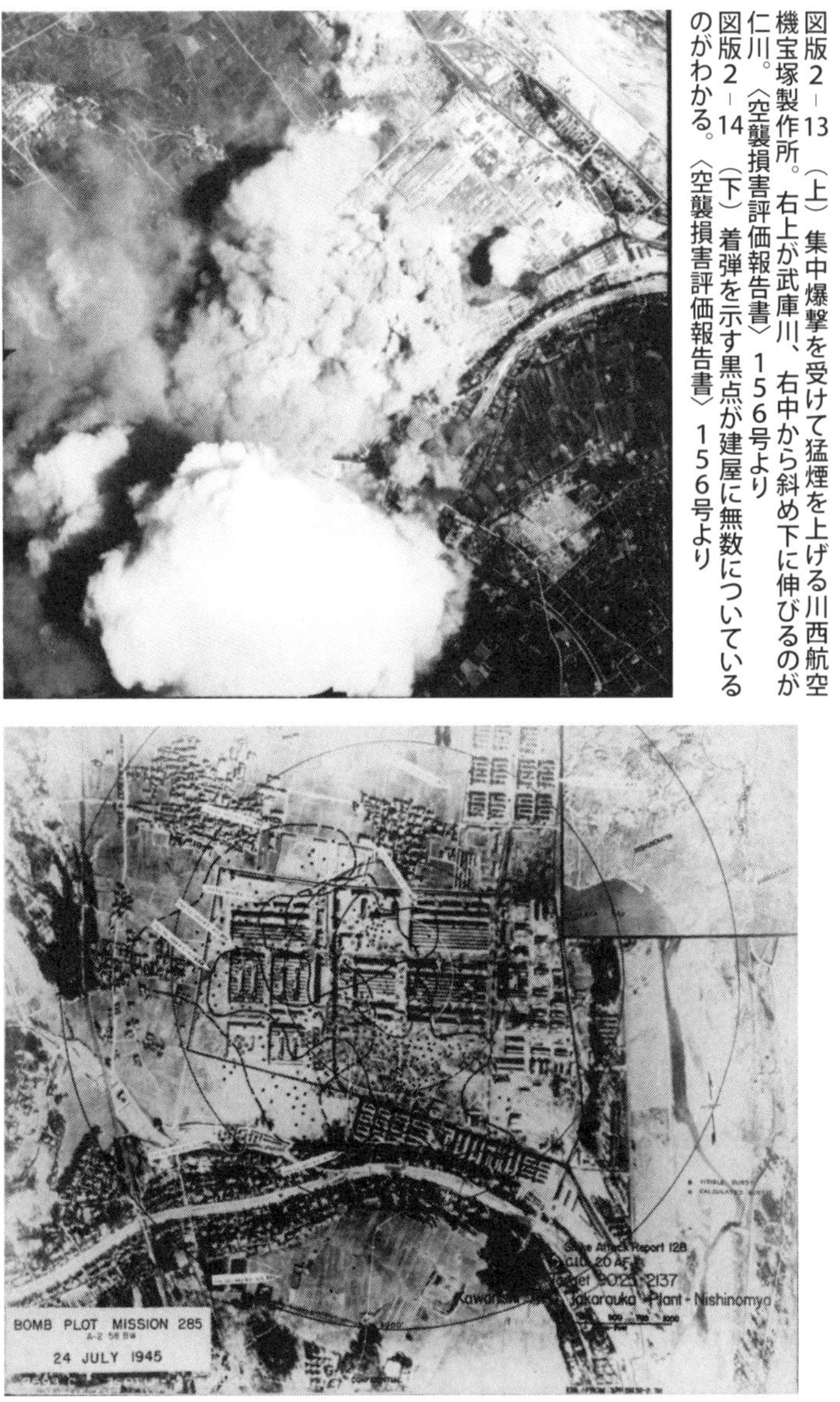

図版２－14（下）着弾を示す黒点が建屋に無数についているのがわかる。〈空襲損害評価報告書〉１５６号より

投棄　36発

半径600メートル以内に、9割以上の爆弾が落下していたことがわかる。

当時、上空にほとんど雲がなかった。また工場が武庫川と仁川の合流点付近にあり、照準が合わせやすかった。

好条件が重なり、爆弾のほとんどが直撃したため、工場の85％を破壊するという驚異的な成果をおさめた。

「警防団長はご真影と体の間に首が落ちていた」――2秒に1発の30分間

2秒間に1発のペースで爆弾が落ちてきたことになる。

地上はどうなっていたのだろう（図版2－15）。

この日の被害について日本側の記録はほとんど残っていない。

川西航空機の年史に「遂に宝塚製作所もまた空襲爆撃を受け、同所における材料関係施設以外設備の大部分は壊滅し、死者83、重傷者39の甚大なる被害を被り……」とあるにすぎない。

生存者の証言や学校史などから、徴用工や女子挺身隊員のほか、関西学院、神戸女学院、伊丹中、京都二中などから多数の学生、生徒が勤労動員で働いていたとみられる。しかし、犠牲者や負傷者の確かな数字はわかっていない。被害規模は不明確なままだ。

『関西学院百年史』や、「神戸空襲を記録する会」がまとめた『神戸大空襲』に収録されている体験談から、当日の惨状（さんじょう）を垣間（かいま）見よう。

【動員されていた関西学院の学生の証言】

「入所直後の空襲警報に、慌（あわ）てて山手の壕（ごう）に向かう。Ｂ29の大編隊が頭上にさしかかるのを見上げた瞬間、真っ黒な塊（かたまり）が空を覆い、ゴオーッというすさまじい落下音。必死で近くの防空壕に飛び込んだとたん、大地を揺るがす猛烈な振動と爆発音。サーッと不気味に頭をかすめる爆風、次から次へと続く爆撃にこれは集中爆撃だと感じた」

「ようやく爆発音もおさまり爆音も遠ざかったので、おそるおそる工場の方へ近づくと、黒煙が立ち込めて人影も見えない。不発弾がいつ爆発するかわからぬと聞き、あきらめて帰途につく」

【夜勤明けの労務課兵事係員の証言】

「壕の中で女の人がたくさん死んでいた。甲南、鳴尾工場での体験から特別の者以外は工場の外へ待避することになっていたのに、朝から空襲警報の繰り返しで疲れてしまっていたのでしょう。工場の中はそこに何があったか、判別が難しいほどやられていた。ちょうど寮から食堂へ行く途中だったが、女子挺身隊員が防空壕に入っていて直撃でやられ重なり合って倒れてい

図版2－15　30分間の空爆で完全に破壊された川西航空機宝塚製作所の工場内部。〈米国戦略爆撃調査団文書〉より

ました」

「遺体は武庫川の河原に積み重ね、重油をかけて焼いた。無残な姿で人間の形をしていないものもある。燃え切るまで時間がかかるので夜通し交替で見守った。死体のはぜる音、飛び散る火の粉、異様というか悪い夢を見ているような……」

【女子挺身隊員の宝塚音楽学校生徒の証言】

「工場への坂道を急いでいるとき、一人の女性が駆け寄ってきた。助けてくださいと言うので見れば、体の前面がそがれたように血みどろ。居合わせた男の人が近くの井戸から水を汲んで飲ませようとしている最中に息が絶えた」

「L字形の防空壕では入り口に爆弾が落ち、カギになるまでの直線にいた全員が即死。カギ手にいた2人がかろうじて生き残った。ご真影（しんえい）を胸に抱いて壕にいた警防団長は、ご真影と体の間に首が落ちていた」

直撃弾の犠牲になり、身元の確かめようもない遺体が多数あったことがわかる。当日の勤務状況さえよくわからず、空襲直後の大混乱のなかで、多くの亡くなった人の氏名さえ確認できないままになっていた。

30分間の空爆は、後世に残すべき記録さえ奪（うば）い去ってしまった。

6 高校野球と空爆

6月7日・9日、8月6日　豊中、鳴尾、甲子園

歴代球場跡も空爆された

１００年を超える高校野球の歴史のなかで、太平洋戦争は暗く大きな影を落としている。球児の汗と涙が刻まれたゆかりの地――豊中運動場、鳴尾運動場、甲子園球場は、すべて戦禍(せんか)をこうむった。

現在の全国高等学校野球選手権大会の前身である全国中等学校優勝野球大会は、１９１５年８月、大阪府豊中村（現豊中市）の豊中運動場で第１回大会が開かれた。翌年の第２回大会も会場となり、文字どおり「高校野球発祥の地」となった。

第3回大会（１９１７年）から第9回大会までは兵庫県鳴尾村（現西宮市）の鳴尾運動場で開催された。そして、第10回大会（１９２４年）から同じく兵庫県鳴尾村の甲子園大運動場（現在の阪神甲子園球場）に会場を移した。

豊中運動場は、第2回大会が開かれた6年後に閉鎖され、その後住宅地として整備された。

鳴尾運動場はしばらく鳴尾競馬場として使われていたが、１９４３年に接収され、鳴尾海軍飛行場と川西航空機鳴尾製作所の一部となった。

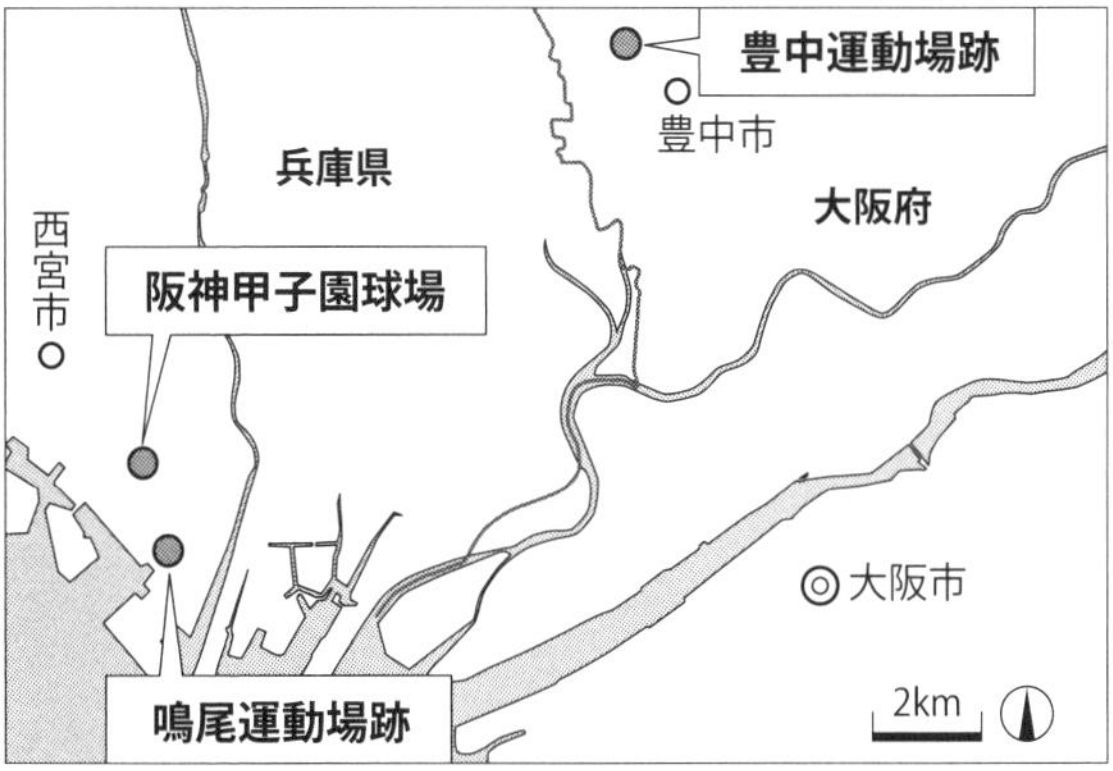

甲子園球場での中等学校野球大会は、１９４１年春の選抜大会まで開催されたがその後は中止となった。

戦争の影響を受けて大会そのものが中止になっただけではなく、戦禍は高校野球ゆかりの地をまともに襲った。米軍の資料からその軌跡をたどってみた。

図版２－１６　高校野球の歴代球場

住宅街となった豊中運動場跡への誤爆

第1回、2回大会が開かれた豊中運動場は、箕面有馬電気軌道（現在の阪急電鉄）の沿線開発の一環として整備された住宅地の真ん中にあった。

東西１５０メートル、南北１４０メートルでほぼ正方形だった。面積は2万１０００平方メートルで、阪神甲子園球場の5割強の規模だった。現在なら中学校のグラウンドに毛の生えたようなレベル、高校であればもっと整備された専用グラウンドを持っている学校がたくさんある。

当時、各地で人気が高まっていた中等学校野球の日本一を豊中運動場で決めようと、大阪朝日新聞が主催して全国中等学校優勝野球大会の開催が決まった。田んぼが広がるなかに民家が点在する典型的な農村地域は、一躍全国に知られることになった。

グラウンドが閉鎖になった跡地には住宅が建ち並び、かつて全国大会が開催されたグラウンドが存在したとは想像できないような静かな住宅地になった。

１９４５年６月７日。

米軍は白昼の空爆で、豊中市全域に1トン爆弾を投下した。当日は上空を厚い雲が覆っていたため、本来なら大阪造兵廠（ぞうへいしょう）を爆撃するはずだった1トン爆弾が、十数キロも離れた豊中に数多く落とされた。

住宅地に落とされた1トン爆弾の破壊力は凄まじく、５４１人が犠牲になり、５００戸以上が全壊している。

この日の空爆の結果をまとめた〈作戦任務報告書〉（Tactical Mission Report）１８９号や〈空襲損害評価報告書〉（Damage Assessment Report）90号には、豊中市への空爆に関する直接の記述はない。設定された攻撃目標でなかったことと、悪天候の影響で確認できなかったためだろう。

空爆後の被害調査のために米軍が撮影した写真を見ると、1トン爆弾による爆撃の跡が白く点々と残っているのがわかる。グラウンドがあったあたりの爆撃跡がはっきりと見て取れる。

１９９８年にはグラウンド跡あたりから1トン爆弾の不発弾が見つかった。球児たちの聖地の戦禍の跡はまだまだ消え去っていない。

軍事拠点となった鳴尾運動場跡への集中爆撃

第3～9回大会は鳴尾運動場で開かれた。

運動場とはいうものの、グラウンドが造られたのは鳴尾競馬場の中だった。競馬用のトラックの内側に1周800メートルの陸上競技用のトラックをつくり、その内側に野球場を設けた。野球場が2面とれるほどの広大なグラウンドで、観客席として移動式の大きなスタンドが用意され

図版2－17　米軍機の空爆で煙を上げる川西航空機鳴尾製作所（旧鳴尾運動場）。写真上方が大阪湾になる。〈空襲損害評価報告書〉91号より

た。

大会が甲子園球場に移ってからもグラウンドとして使われていたが、整備された広大な平地が軍の目に留まった。

１９４３年に接収され、海軍の飛行場と川西航空機鳴尾製作所の一部となった。鳴尾製作所では海軍の戦闘機を生産し、隣接する飛行場で試験飛行をくり返すことができた。近くには阪神間で最強といわれた高射砲陣地もあり、一帯は一大軍事拠点になった。

１９４５年６月９日朝。

Ｂ29爆撃機44機が来襲し、午前８時半から30分におよぶ爆撃で５２０発の５００キロ爆弾を投下した（図版２－17）。

当日は厚い雲が垂れ込めていた。しかし、奇跡的に雲の切れ目の真下が鳴尾製作所の工場群だった。本来なら精度が極度に落ちるレーダー爆撃になるところだが、36機が目視によって投弾することができて、直撃弾が集中した。

米軍は〈攻撃報告書〉（Strike Attack Report）１０１号で、投下弾の半分に近い２４３発の着弾を確認できたとしている。

爆撃中心点から３００メートル以内　　１６１発（66・３％）

爆撃中心点から３００〜６００メートル　40発（16・５％）

爆撃中心点から６００～９００メートル　８発（３・３％）
爆撃中心点から９００メートル以上　　　34発（14・０％）

着弾が確認できたうちの、じつに7割近くが目標地点の半径３００メートル内に命中している。命中度の高さは破壊率を一気に上げた。

米軍は〈空襲損害評価報告書〉91号で「工場の7割を破壊。４分の１は修復不可能」と報告している。

日本側の資料ではこの空襲で48人が犠牲になり、重傷を負った人は22人に上った。「工場は完全に操業停止した」との記録が残っており、壊滅した。

球児の聖地は集中爆撃を受けて、ここでも廃墟と化した。

軍需工場と化した甲子園球場への爆撃

甲子園球場は１９２４年8月にオープンした。

年ごとに人気が高くなっていく全国中等学校優勝野球大会のために、阪神電鉄が半年たらずの突貫工事で完成させた。５万人収容のスタジアムは当時としては目をむくような規模で、「本当にそんな数の観客が詰めかけるのか」と疑問の声が上がったという。

オープンに合わせて開かれた第10回大会は、そんな心配をよそに連日超満員になったというか

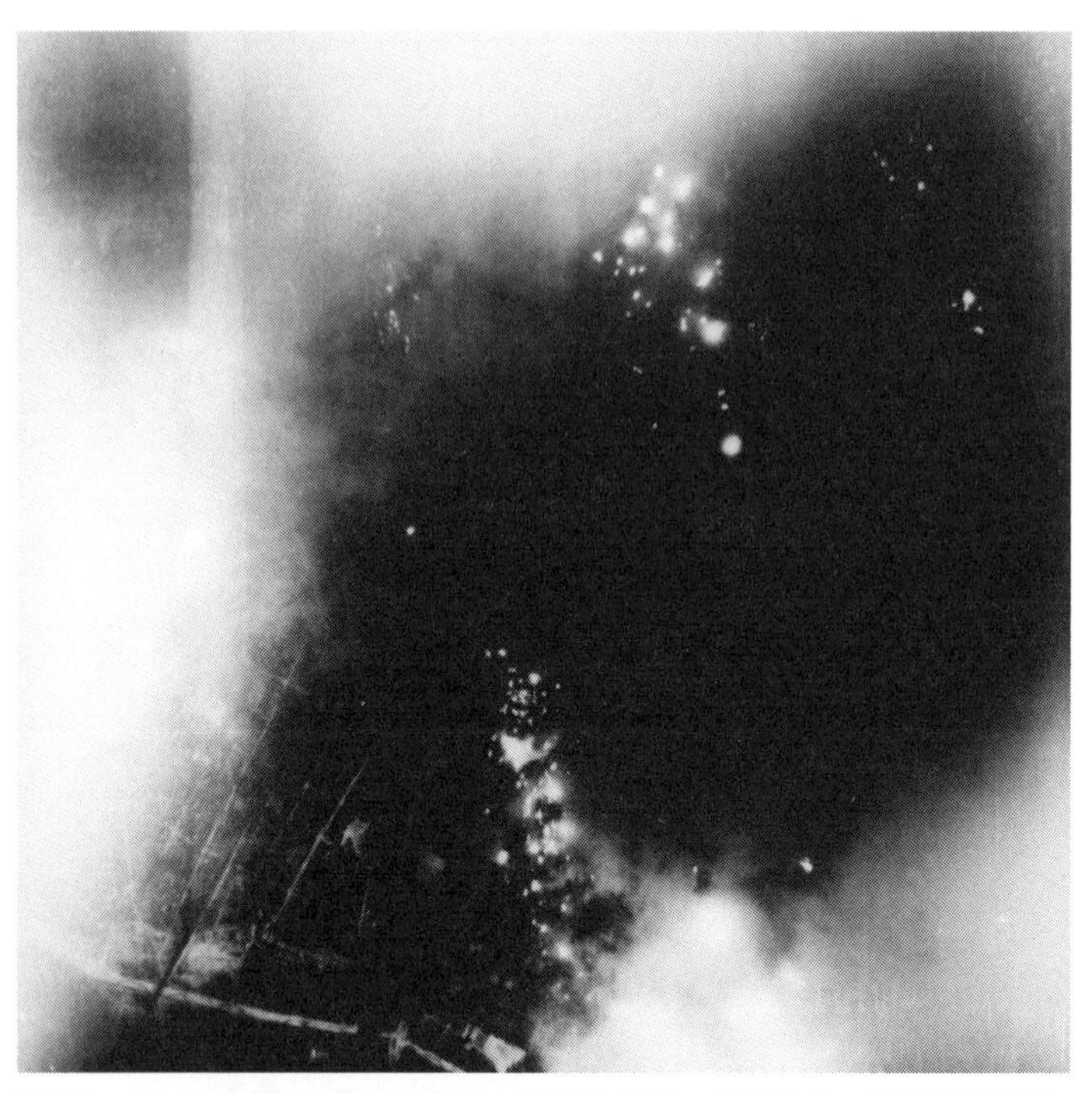

図版2－18　米軍機に夜間空爆される西宮市街地。無数の白い点々は投下された焼夷弾。〈空襲損害評価報告書〉193号より

ら、中等学校野球の人気がうかがいしれる。戦前の黄金期を迎えたが、よいことはそう長くはつづかなかった。

日中戦争が泥沼化し、日米の雲行きが怪しくなってきたことから、1941年春の選抜大会を最後に大会は中止となった。45年当時、甲子園球場は「野球場の顔をした一大軍需工場」だった。

スタンドの下は戦闘機の部品工場や対潜水艦ソナーの研究所、軍需工場の資材置き場などになった。外野は陸軍の軍用トラックの駐車場、内野グラウンドは一面のイモ畑となってしまう。

グラウンドを戦車が走り回ったこともあったという。球児たちのプレーを見た人には耐えられない光景だったにちがいない。

１９４５年８月６日未明。

Ｂ29爆撃機２５０機が来襲し、30分の爆撃で約２０００トンの焼夷弾を投下した（図版２－18）。

16日後に米軍がまとめた〈空襲損害評価報告書〉１９３号で被害をたどってみる。

「御影―西宮地区（現在の神戸市東灘区から芦屋市、西宮市にかけての地区、甲子園球場は最東端にあたる）の住宅地域の焼失面積は２・８平方マイル（７・２５平方キロ）、破壊率は31・２％」

「工業地域の焼失面積は０、破壊率は０％」

住宅地の３割を焼き払った一方で、工業地域の被害は「なし」としている。住民だけを標的に大量の焼夷弾を使ったことが明らかな空爆だった。

甲子園の土に混じる戦禍の跡

米軍は工業地域の被害をゼロとしたが、「野球場の顔をした軍需工場」甲子園球場は大きな被害を受けた。
グラウンドには無数の焼夷弾が突き刺さり「まるでハリネズミのようだった」との証言が残っている。また、一塁スタンド下に保管されていた大量の航空燃料が火災を起こし、三日三晩炎上した。球場の壁面は真っ黒に焼けただれ、その熱でアルプススタンドの鉄骨アーチが曲がり、戦後しばらくは無残な姿をさらした。

球児たちの憧れの「甲子園の土」。じつはいまでも、空爆でばらまかれた焼夷弾の油で焼かれた土が混じっている。

甲子園のグラウンドの土は、創設時から全面的に入れ替えられたことはない。歴代のグラウンド整備担当者が、土の天地返し（土の表層と深層を入れ替えること）をくり返してグラウンドの質を維持してきた。雨や風で流失した分だけ注ぎ足してきたにすぎない。甲子園の土が全部入れ替わるとすると、計算上で８００年かかる。

甲子園球場は戦禍の跡をグラウンドの土の中に残し、球児と高校野球ファンに平和の尊さをそっと語りかけようとしているのかもしれない。

高校野球の歴史にくわしい日本高等学校野球連盟理事の田名部和裕さんはこう話している。

「20世紀前半は戦禍に見舞われ、多くの球児が戦地に散りました。高校野球が平和な環境下でできることを当たり前に思ってはいけません。毎年8月15日に阪神甲子園球場でおこなわれる黙禱は、限りなく平和を希求する祈りでもあるのです」

第3章　故郷が燃えた日

１９４５年１～８月

1　破壊率99・5％の地獄絵

8月2日　富山市

市街地がほぼ壊滅した富山市

2時間の空爆で市街地が完全に焼き尽くされた都市がある。

1945年8月2日未明に米軍の焼夷弾空爆を受けた富山市だ。その破壊率は「99・5％」に上った（ここでいう破壊率は米軍が設定した「計画目標区域」に対する破壊率で、行政区域としての富山市全体に対する破壊率ではない。米軍は、田畑や雑木林が広がる郊外を除外して建物が密集している市街地を空爆目標区域として設定し、その区域で被害を与えた割合を破壊率として算定した。99・5％は住宅やビルが建ち並ぶ市街地をほぼ壊滅させたことを意味する）。

米軍にとっても衝撃的な数字だったらしい。発足以来の米陸軍航空部隊の歴史をまとめた『米陸軍航空軍史』は、特に富山空爆に触れている。

「富山空爆は想像を絶する99・5％」

くり返し大空襲を受けた東京の破壊率51％、大阪37％と比べても、その数字の異常なまでの高さがわかる。

99・5%を検証した。

「音をたてて焼夷弾が何百本も落ちてきた」

母親と妹を亡くした旧制中学4年生の体験から、8月2日をたどってみたい。

第1、2章に出てきた、米軍の都市空爆を調べている中山伊佐男さんは、母親と2人の妹とともにこの年の4月、東京から富山へ疎開してきたばかりだった。3月の東京大空襲ではかろうじて自宅の被災は免れたものの、疎開に踏み切り、新しい土地にようやく慣れてきたところだった。

8月2日未明。

連日の勤労動員の疲れで泥のように眠っていた中山さんは、飛行機の爆音と激しい破裂音で目を覚ました。

すでに周囲の民家からは火の手が上がっていた。ところが母親と1歳の妹の姿が見えない。中山さんは2歳年下の妹を先に避難させた後、着物を防空壕に投げ入れ、米や貴重品を雑嚢に詰めて外に出た。

もう避難する人影はまばらで周囲は火の海だった。火の粉と熱風が吹きつけるなかを、やっとの思いで田んぼと住宅地のあいだの用水路まで避難した。そこには大勢の人がすでに避難していて、押し黙った人たちがじっと身をかがめていた。

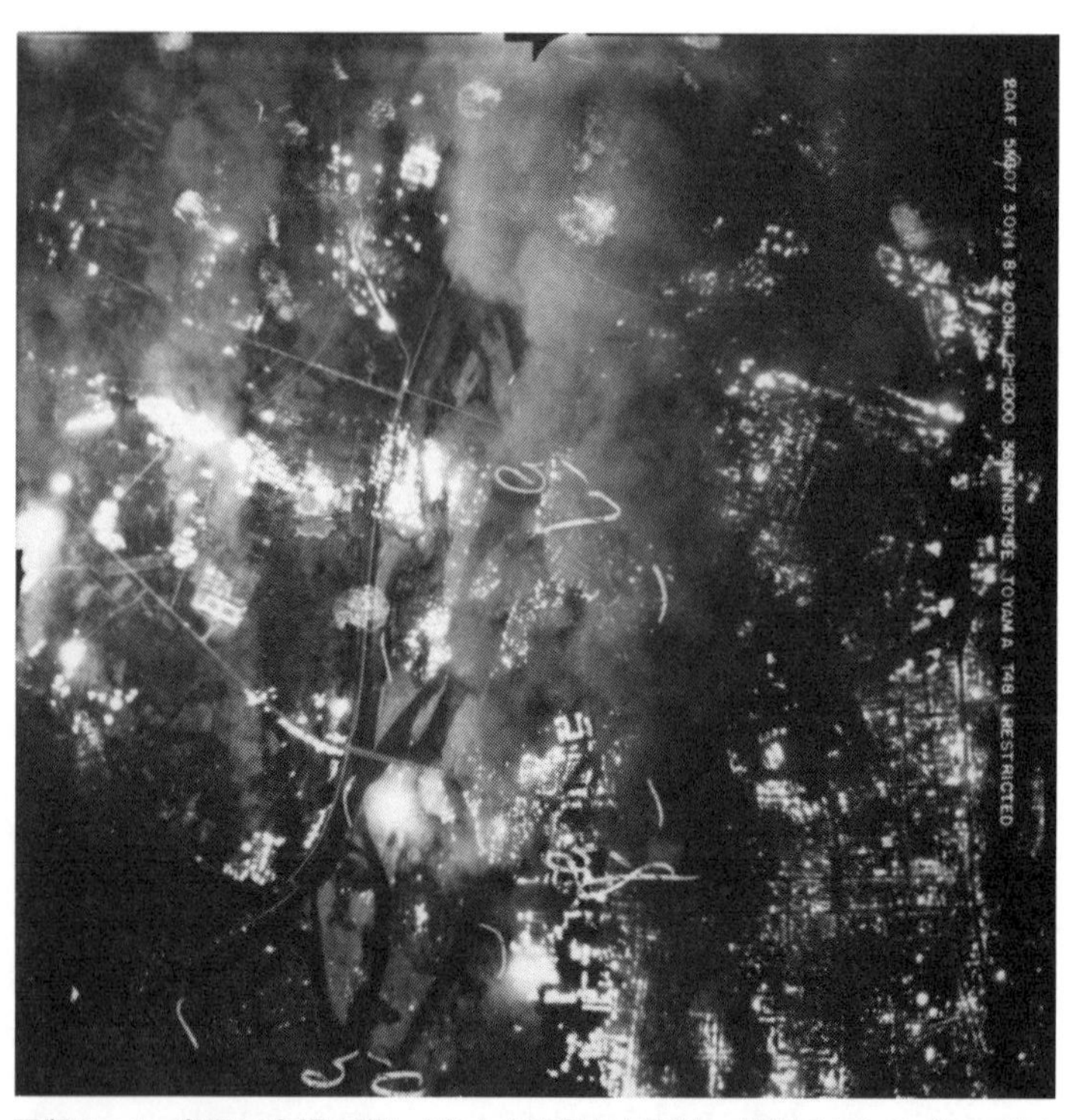

図版３－１　米軍の空爆で激しく炎上する富山市街地。黒煙でわかりづらいが中央を上下に神通川が流れている。〈空襲損害評価報告書〉168号より

中山さんは「トタン屋根にたたきつける雨のような音をたてて、焼夷弾が何百本も落ちてきました。ゴーッという凄まじい音とともに民家が次々と燃え上がりました」と記憶をたどった。

「火の粉をまき散らしながら落ちてきた焼夷弾が、目の前の田んぼの土に突き刺さりました」と振り返る（図版３－１）。

まったく容赦はなかった。母親や妹のことが心配でしかたなかったが、用水路脇から動くことができなかった。

夜が明けた。

まだ煙の残る焼け野原がどこまでもつづいているのが見渡せた。翌日、近くの防空壕で母と1歳の妹が遺体で見つかった。

母は中山さんがなかなか起きないため、近くの伯父に助けを求めにいったようだ。伯父の制止を聞かず、再び自宅に戻ろうとして猛火に追われ防空壕に入ったらしい。

「東京の空襲で防空壕は危ないと十分わかっていたんですが……」と中山さんは言う。あまりの火勢にやむにやまれず入ってしまったのだろう。

全国最悪の破壊率を記録した空襲だった。

一晩で2730人が犠牲（ぎせい）になった。

「99・5%」を誇る米軍報告書

米軍が空爆後にまとめた〈空襲損害評価報告書〉（Damage Assessment Report）168号の「損害の要約」には次のような数字が並んでいる（図版3－2）。

「市街地の総面積　1・88平方マイル（4・87平方キロ）
破壊面積　1・87平方マイル（4・84平方キロ）
破壊率　99・5%」

「計画目標区域1・88平方マイル　破壊率99・5%」

CONFIDENTIAL

C. I. U.
TWENTIETH AIR FORCE
APO 234, c/o POSTMASTER
SAN FRANCISCO, CALIFORNIA

13 August 1945

DAMAGE ASSESSMENT REPORT 168

TOYAMA-90.11-URBAN

20 Air Force Mission 307, 1-2 August 1945 73rd Wing

SUMMARY OF DAMAGE

Built-up area: Sq.Mi. total - 1.88; Sq.Mi. destroyed - 1.87

Percent destroyed - 99.5

Planned target area - 1.88 sq.mi. Percent desstoyed - 99.5

Total damage to date: 1.87 sq.mi. Percent of built-up area: 99.5

Targets damaged by current strike: 4 numbered; 2 other

Damage within limits of built-up area:

Area damage from current strike:	Sq.Mi.	Destroyed Sq.Mi.	Destroyed Percent
Built-up area (Urban)	1.82	1.81	99
Built-up area (Industrial)	.06	.06	100
Built-up area (Total)	1.88	1.87	99.5

図版３－２　〈空襲損害評価報告書〉168号より。「99.5%」の数字が１枚に４ヵ所も出てくる（〜〜部は編集部加工）

「総被害１・８７平方マイル　破壊された市街地の割合99・５％」
「今回の攻撃で破壊された市街地の総破壊率99・５％」

〈損害評価報告書〉は通常２～３ページだが、富山空爆についてまとめた１６８号は１ページ。１ページだけなのに「99・５％」が４ヵ所も出てくる。

他都市の破壊率と比べてみよう。米軍は各都市の破壊率を弾（はじ）き出している。原子爆弾が投下された広島市は60％、長崎市は44％となっている。また、中小都市では岐阜市が74％、新潟県長岡市が66％などと高い破壊率になっている。
人口の多い大都市は以下のとおりだ。

神戸	56%
東京	51%
横浜	44%
堺	43%
大阪	37%
名古屋	31%
仙台	27%
福岡	22%

富山の破壊率99・５%がいかに突出しているかがわかる。

東京大空襲の10倍量の焼夷弾を投下

さらにくわしく米軍資料を見ていくと、この日の富山空爆がいかに凄まじかったかが生々しくわかる。〈作戦任務報告書〉(Tactical Mission Report) ３０７号から富山に投下された焼夷弾を調べてみた。

驚愕の事実が明らかになる。

B29爆撃機173機から投下された焼夷弾は1465トン。これを焼失面積当たりに換算してみると、3月10日の東京大空襲のじつに10倍に当たる。

100メートル四方にどれくらいの焼夷弾が落ちてきたのか、平均数を試算してみた。

4ポンド（1・8キロ）エレクトロン焼夷弾1300本
6ポンド（2・7キロ）油脂焼夷弾46本
100ポンド（45・4キロ）油脂焼夷弾12本

これはあくまでも平均の数だ。これより少ない地点もあっただろうが、これより多い地点もあったはずだ。燃えるものがなくなっても焼夷弾だけが燃えつづける地獄絵だったことが容易に想像できる（図版3-3）。

恐ろしいのは数だけではない。焼夷弾の種類もその残虐性に拍車をかけた。

エレクトロン焼夷弾は、爆発すると2000度を超す高熱の火柱が噴き上がる。本来はコンクリート製の建物など不燃性の高い建物群に火災を起こすことを目的にしている。

富山空爆で投下された焼夷弾は、8割近くがエレクトロン焼夷弾だった。油脂焼夷弾と異なり、

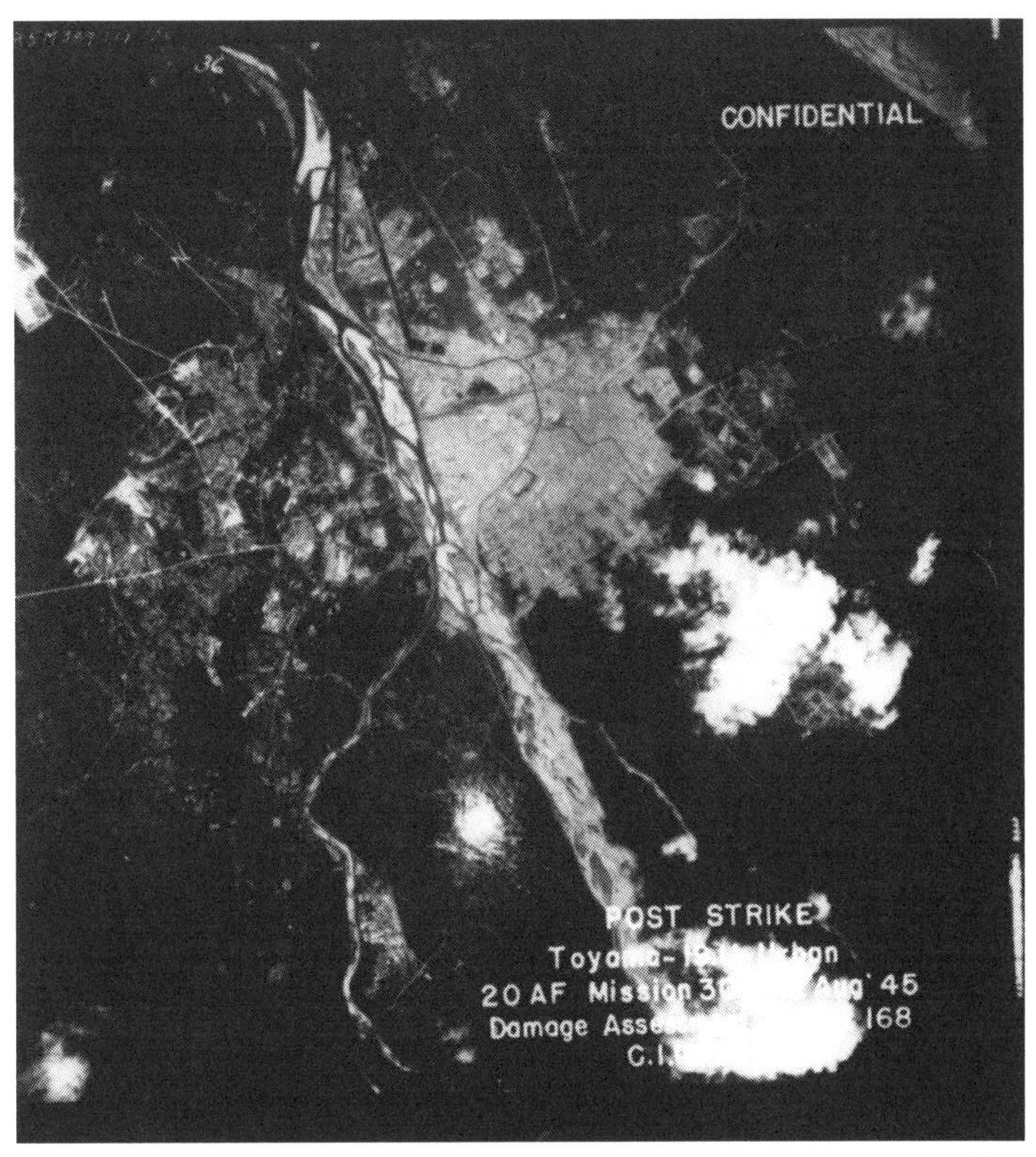

図版３－３　米軍が空爆後に撮影した富山市。焦土と化した市街地は一面が真っ白になっている。〈空襲損害評価報告書〉168号より

落下とともに一気に火炎が噴き出す。木造家屋はひとたまりもなかっただろう。

　また、１００ポンド油脂焼夷弾が大量に投下された。最もよく使われた６ポンド油脂焼夷弾と異なり、先導機が空爆の最初に、後続機の目印となる火災を起こすために投下することが多い大型焼夷弾だった。その威力は凄まじく、木造家屋１棟が一瞬のうちに炎に包まれた。

太平洋戦争末期になると、目印火災を起こすためだけではなく、普通に投下されるようになっており、富山でも大量に落とされている。

中山さんが避難した用水路から見つづけた焼夷弾は、落下とともに紅蓮の炎を上げるエレクトロン焼夷弾や１００ポンド油脂焼夷弾だったにちがいない。

ターゲットは工場でなく住宅地だった

〈損害評価報告書〉１６８号からは、破壊率「99・5％」の数字以上に恐ろしい事実が浮かび上がる。そこには米軍が「攻撃目標」と定めた、工場などの産業施設に与えた損害率も記されている。

▽市街地内の損害

富山ガス　損害率１００％

日本高周波　損害率１００％

ラミー紡績第一工場　損害率１００％

未確認の２工場　損害率１００％

▽市街地外の損害（市の中心部の半径5マイル〔8キロ〕以遠）

本江機工　ＮＯＮＥ（損害なし）
大正紡績　損害率１００％
日満アルミニウム　ＮＯＮＥ（損害なし）
東岩瀬港湾　ＮＯＮＥ（損害なし）
日産化学第一工場　ＮＯＮＥ（損害なし）
不二越（ふじこし）富山工場　ＮＯＮＥ（損害なし）
不二越東岩瀬工場　ＮＯＮＥ（損害なし）
日本曹達（ソーダ）マグネシウム工場　ＮＯＮＥ（損害なし）

燃えるものがなくなっても焼夷弾だけが燃えつづけた破壊率99・５％の市街地では、工場もすべて焼失してしまったのは当然だろう。

一方で、郊外の軍需工場はほぼ無傷だったことがわかる。損害率０％を示す「ＮＯＮＥ」がズラリと並んでいる。不二越、日産化学、日本曹達といった、当時の軍需産業を支えていた大規模工場はまったく被害を受けなかった。

戦後長いあいだ、富山の被災者は「軍需工場への空爆の巻き添えだった」と思っていた。米軍の目標はあくまでも郊外の軍需工場で、巻き添えを食った自分たちは運が悪かったのだと考えた人さえいたようだ。

しかし、米軍は当初から住宅地域だけを標的にしていた。工場は「住宅地爆撃のおまけ」にすぎない。大量の焼夷弾は非戦闘員の住民を死に追いやるためだけに投下されていたことが明らかになった。

破壊率「99・5％」の裏側には、残酷な事実が残されていた。

いきなり母と妹を失った中山さんを突き動かしたものは「生命とは何だろう」という自分への問いかけだった。生命にこだわった中山さんは、高校で生物教師を38年間務めた。

そして「あの空襲はいったい何だったのか」という疑問をずっと抱えつづけた。あるとき、米軍のさまざまな資料から、日本本土空襲の真相が見えてくることを偶然知る。休みの日には国会図書館に通い、機密解除されて購入された米軍の文書を1枚ずつ確認して「TOYAMA」を追いつづけた。

ついに「当初から非戦闘員の住民だけを標的にしていた」という富山空襲の真相を突き止めた。

いまも米軍資料をもとに全国の空襲の調査研究をつづけている。

2　黄燐焼夷弾を初投入

6月　岡山市

苛烈を極める地方都市空爆

　太平洋戦争末期の米軍は、東京、名古屋、大阪、神戸、横浜と大都市の市街地を焦土にしたあと、1945年6月以降、その標的を地方の中小都市に移した。家を失い命からがら避難した街で、再び空襲に遭った被災者は数多い。

　面積が小さく、迎撃機や対空砲火などの防空体制が弱い地方の中小都市への米軍の空爆は、大都市よりもはるかに苛烈を極めた事例が多かった。疎開先で受けた空襲が最悪の経験となった人は意外と多い。

　高等女学校1年だった末石かよ子さん（京都市左京区在住）は、6月5日の神戸大空襲（141ページ参照）で被災し足を負傷した。ようやく避難した岡山市でも29日未明に空襲に遭った。わずか1ヵ月足らずで、街を焼き尽くす猛火を2度も目の当たりにして被災した。

　末石さんの体験をたどりながら、地方都市を襲った惨劇の真相を検証した。

6月5日、神戸で足を負傷

6月5日、末石さんは登校のため神戸市灘区の自宅を出ようとしたときに、警戒警報が出た。「女と子供はすぐに逃げろ」と言われていたので、母や祖母らとともに東西に長くのびる山のふもとへ避難した。

「持ち場にとどまり消火活動」が大原則だったが、各地の都市で焼夷弾爆撃によって多くの犠牲が出ていた。「警報が出たらとにかく逃げろ」という話が広まっていたのだろう。

山麓に着いたとたんに空襲がはじまった。

すぐ目の前で焼夷弾が次から次へと落とされていった。燃え上がる神戸の街を呆然と見ているしかなかった。

突然太ももに激痛が走った。鋭い鉄片が突き刺さっていた。

近くにいた赤ん坊が火がついたように泣き出したが、同じように鉄片が当たったのかどうか見てあげる余裕はなかった。気がつくと、米を入れて持ち歩いていた缶にも鉄の破片が突き刺さっていた。

あまりの痛さに歩けなかった。空襲がおさまり夕方になってから、家族におぶってもらって焼け残った小学校に向かった。

救護所では医者が「軽傷」と言い、ヨードチンキを塗ってくれただけだった。動くことができないので、そのまま板の間に寝かされた。鉄の破片が足に入ったまま我慢せざるをえなかった。

数日後、超満員の列車に窓から乗り込み、母親の実家のある岡山へ避難した。

６月29日、疎開先の岡山「周囲は火の海でした」

「ザーッ」という凄まじい音で目が覚めた。

６月29日、空襲警報が出ていないのに突然焼夷弾が落下してきた。跳び起きて外へ出ると、すでに火の手が上がっていた。

末石さんは大切にしていた人形を抱き、松葉杖をついて、近くにあった軍隊の練兵場へ逃げ込んだ。

負傷した足を引きずってさらに避難をつづけることはできなかった。片隅の草むらで身を硬くしているしかなかった。

「練兵場の周囲は火の海でした。絶え間なく落ちる焼夷弾の音を聞き、燃え上がっていく家と、真っ赤になった街を朝まで見ていました」と話す。

練兵場にも情け容赦なく焼夷弾が落ちてきた。濡れた草の上で、炎が等間隔でちょろちょろと燃えつづけていたのを記憶している。

「なぜ草が濡れているのに燃えているんだろう。なぜ等間隔なんだろう」と不思議に思ったという。

図版３−４　岡山空爆の被害を検証するために米軍が撮影した写真。焼失した地域が白くなっている。〈空襲損害評価報告書〉130号より

練兵場には、寝間着の浴衣（ゆかた）を着たままで避難してくる人が大勢いた。

末石さんは「岡山の人は寝間着で寝てはるんや」と思ったという。

「いつ空襲があるかもしれんから、寝間着で寝たことはありませんでした。空襲がひどくなってからは普段着のまま寝てましたから」

この日の岡山空襲は警報が発令される前にはじまった。まったくの不意打ちの空襲で寝込みを襲われ、逃げ遅れた人が多

かった。また「まさか岡山が空襲に遭うなんて……」という油断があったのかもしれない。

岡山市の調査では1700人以上が亡くなり、負傷者は6000人以上にのぼった。当時の岡山市の人口は16万人だったが、10万人が焼け出された（図版3－4）。

末石さんは岡山に疎開してから、足に刺さったままの鉄片を治療してもらおうと病院を何ヵ所も回った。どの病院も廊下にまで負傷者があふれていた。

空襲の直前に岡山駅近くの病院で診察を受けている。ろくに治療を受けることもできず、入院は断られた。

「その病院は空襲で全焼しました。もし入院していたら助からなかったでしょう」

1ヵ月足らずで2度も大規模な空襲に遭遇（そうぐう）した末石さん。

「戦後しばらくは夢でうなされました。『これは夢、もう戦争はすんだ』と目が覚めるんですよ」

太ももに突き刺さった鉄片を抜き取ったのは6年後のことだった。

死を覚悟した永井荷風

作家の永井荷風もこの日、疎開先だった岡山で空襲に遭っている。

3月10日の東京大空襲で自宅を焼失し、移り住んだ都内のアパートも5月26日の空襲で焼け出され、疎開した兵庫県明石（あかし）市では6月9日に2トン爆弾に遭い、さらに避難してきた岡山でも被災した。空襲の先回りをして西下したようなものだった。

疎開先の岡山で再び被災した末石さんと同様の経験を、荷風はしたことになる。荷風は『罹災日録』のなかで、岡山での空襲体験を次のようにまとめた。

「六月二十八日　晴。宿のおかみさん燕の子の昨日巣立ちせしまま帰り来らざるを見、今明日必ず災異あるべしとて遽に逃走の準備をなす。果せるかな。この夜二時頃岡山の市街は警戒警報の出るを待たずして猛火に包れたり。予は夢裏急雨の濺来るが如き怪音に驚き覚むるに、中庭の明るさ既に昼の如く、叫声跫音街路に起るを聞く」

「出入の戸を排して出づ。火は既に裁判所の裏数丁の近きに在り。県庁門前の坂を登りつつ、逃走の男女を見るに、多くは寝間着一枚にて手にする荷物もなし。これ警報なくして直に火に襲われしが故なるべし」

「焼夷弾前方に落ち農家二三軒忽ち火焔となり牛馬の走り出でて水中に陥るものあり。予は死を覚悟し路傍の樹下に蹲踞して徐に四方の火を観望す」

不意打ちを受けた恐怖を淡々と書き残している。荷風も末石さんと同じように「寝間着一枚にて手にする荷物もな」い地元の被災者を見て驚いたようだ。

黄燐焼夷弾を市街地に大量投下

6月29日未明の岡山空爆についてまとめた、〈作戦任務報告書〉(Tactical Mission Report) 234号と、〈空襲損害評価報告書〉(Damage Assessment Report) 130号の記述から検証した。

B29爆撃機138機が来襲し、空爆は午前2時43分から1時間半にわたった。100ポンド油脂焼夷弾を430トン投下するとともに、それを上回る540トンの8・7ポンド黄燐（おうりん）焼夷弾が落とされた。

黄燐焼夷弾をメインにした市街地への空爆は、この日の岡山が初めてだった。

末石さんが「等間隔でちょろちょろと燃えつづけた」というのは、飛び散った黄燐がいつまでも炎を上げる黄燐焼夷弾に特有の燃え方だった。

黄燐焼夷弾は大音響とともに大量の白煙を出し、着火した黄燐が半径100メートル以上も飛び散って火災を起こす。爆発力が強く、破片や爆風で人間を傷つけたり建物を破壊したりする。黄燐に直接触れると酷（ひど）いやけどをするほか、燃焼時に有毒なガスを出す。また一度火が消えても再び発火することがあり、消火に手間がかかった。

一度火が消えたように見えても再び炎が上がる、厄介（やっかい）な焼夷弾だった。しかしこれもエレクトロン焼夷弾と同様にコンクリートや石材で造られた建物を対象にしていたので、密集する木造家屋の火災を拡大させる効果は油脂焼夷弾より弱いと考えられていた。

ただ、米軍は研究と実験を重ねていた。〈作戦任務報告書〉234号の「爆弾搭載量の決定」の項目では、次のように記述されている。その効果が高いことを証明し、市街地への大量投下に踏み切ったことがわかる。

「黄燐焼夷弾は以前は（市街地爆撃の）主力として使われていなかった。アメリカで最近おこなわれた試験では、典型的な日本家屋に対して油脂焼夷弾を使うよりも優れていることがわかった」

さらに、超大型の100ポンド焼夷弾を大量使用している。

通常、100ポンド焼夷弾は先導機が投下して、最初に大火災を起こさせて後続機の目印にしていた。爆発したとたんに1軒の民家が全焼してしまう威力がある。100ポンド焼夷弾の威力は、黄燐焼夷弾の爆発力と燃焼の持続力の効果を倍増させた。

〈損害評価報告書〉130号は、その被害を生々しく伝えている。

「岡山市の損害は約2・13平方マイル（5・52平方キロ）、市街地の63％」

「北部を除き、市全体は見る限り破壊された」

岡山市の市街地の６割以上が焼失した。多大な犠牲のうえにその有効性が証明された黄燐焼夷弾は、その後の中小都市への空爆で多用されていく。

〈作戦任務報告書〉２３４号には「煙が上空６０００メートルまで上昇した。搭乗員は大成功と報告した」と記録されている。一方で「最大の困難は岡山市上空の煙と乱気流だった」との報告が残っている。

上空６０００メートルまで達した煙は、焼夷弾投下の目安となる爆撃中心点を覆い尽くしたため、目視による爆撃ができなくなった。また、大火災の発生で乱気流が起こったため、上空の飛行が難しくなった。

濃い煙と乱気流を避けるため、焼夷弾が投下できないまま岡山を離れたり、爆撃中心点から大きくはずれた地域に投下せざるをえないＢ29が続出した。

報告書では「再発を防ぐため高度（岡山空爆では３３００〜３３９０メートル）を考える必要がある」と指摘している。

米軍機の爆撃が妨（さまた）げられるほどの濃い煙と乱気流を発生させた大火災は、それまで主力として使われていなかった焼夷弾によって起こっていた。

3　爆弾の格好の捨て場

1〜8月　和歌山県串本町

小さな町なのに異常に高い被害率

本州最南端の和歌山県串本町は1945年、くり返し空爆されただけでなく、艦砲射撃の標的にもなった。

わずかに軍事施設があったとはいえ、戦争とはおよそ縁遠いと思われた黒潮洗う静かな漁師町が、なぜ執拗に空爆や艦砲射撃にさらされたのだろうか。

串本町の市街地や同町の潮岬は1945年1月19日に初空襲されて以降、8月10日までに計15回の空爆を受けた。いずれも1〜数機の来襲だったが、『串本町史』などによると、死傷者は100人を超え、100戸以上が被害を受け、被災者は約600人に達した。小さな町としては異常に高い被害率だ。

当時の串本町や潮岬には、海軍の水上機基地、無線レーダー基地、緊急着陸用の潮岬飛行場などの軍事施設があり、米軍の攻撃目標の一つだった。

しかし、軍事施設だけでなく、少し離れた市街地も大きな被害を受けた。

〈作戦任務報告書〉(Tactical Mission Report) からB29爆撃機が京阪神や中京地区に来襲した日を拾い上げ、『串本町史』にまとめられている空襲の被災日と合わせてみた。串本でくり返された空爆は、最初から串本地区の軍事施設だけを狙った来襲でないことがわかってきた。

「帰りがけの駄賃に落としていった」

京阪神や名古屋に来襲し、太平洋の基地に帰還するB29爆撃機や艦載(かんさい)機は、串本沖を通過する。最初に目にする日本本土が串本であり、最後に日本本土に別れを告げるのも串本だった。

次のようにまとめると一目瞭然(いちもくりょうぜん)だ(カッコ内は串本への来襲機数、都市名はおもな被災都市)。

1月19日(1機) 大阪、兵庫・明石
2月4日(2機) 神戸
15日(2機) 名古屋
3月14日(2機) 大阪
5月17日(4機) 名古屋
6月1日(3機) 大阪
15日(4機) 大阪、兵庫・尼崎(あまがさき)

図版3－5 和歌山県串本町

22日（2機）兵庫・姫路、明石、岐阜・各務原（かかみがはら）
26日（3機）大阪、明石、名古屋、各務原
7月24日（1機）大阪、兵庫・宝塚、名古屋、津（つ）
8月6日（1機）兵庫・西宮
10日（1機）兵庫・尼崎

米軍は、悪天候や機器の不具合などで主目標が爆撃できないときには他の地点への爆撃を認めていた。あらかじめ「臨機目標」として第2の攻撃都市を決める場合もあったし、臨機応変に目についた街を爆撃することもあった。

また空爆後、2000キロ以上の復路での燃料消費を節約するために、投下できなかった爆弾や焼夷弾を帰路の適当な地点に落として処分することがあった。

京阪神や中京地区への米軍機の飛行ルート上、串本は日本本土の最前線だった。目標都市の身代わりになっただけではなく、帰還にあたっての絶好の爆弾の捨て場にもなっていた。

米軍資料をもとに日本本土への空襲について研究をつづけている中山伊佐男さんは「帰りがけの駄賃（だちん）に落としていった典型例」と指摘する。

「関東では、帰りのルート沿いにあった神奈川県小田原市が同様の被害を受けています。小田原自体は標的になったことがないのに、残った爆弾や焼夷弾の投下地点になりました。太平洋沿岸

では、このようなとばっちりの被害を受けた小さな町が少なからずあります」と話している。

夜間の艦砲射撃で市街地も巻き添えに

串本はB29の「帰りがけの駄賃」の町だっただけではない。

太平洋に突き出した形の日本本土最前線は艦砲射撃も受けている。西日本の沿岸で艦砲射撃を受けた町は串本以外にない。

米国戦略爆撃調査団文書の〈艦砲射撃調査隊報告〉（Report of Ships Bombardment Survey Party）の潮岬編から見てみよう。

7月24日夜、軽巡洋艦「スプリングフィールド」「アストリア」など4隻（せき）と、駆逐艦7隻が、紀伊水道沿岸の船舶攻撃を主目的に出撃した。

「主任務は紀伊水道入り口付近の日本船舶の掃討（そうとう）。串本水上機基地が主目標、潮岬飛行場が第2目標」

途中で小型木造船1隻を発見し砲撃した以外は、日本の船舶と遭遇しなかった。大きな成果をおさめられなかったため、艦隊は地上の目標への攻撃に切り替えた。

翌25日午前2時9分、潮岬沖約9～13キロから陸地を砲撃した。

撃ち込まれたのは、6インチ砲427発と5インチ砲707発。わずか5分間に1100発を超える砲弾が撃ち込まれる凄まじい砲撃だった（図版3－6）。

串本市街地には6インチ弾15発が着弾し、3人が犠牲になった。記録に残っているだけでも30発が民家を直撃した。

また潮岬地区には5インチ弾14発が着弾し、民家2戸が被災した。

串本海軍水上機基地は、鉄筋コンクリート製の待避壕や木造建物に直撃弾を受けた。また、緊急着陸用の潮岬飛行場や海軍無線レーダー基地にも5インチ弾が撃ち込まれたが、大きな被害を受けていない。

軍事施設を狙ってはいたものの、夜間の艦砲射撃は市街地を巻き添えにした。大きな被害が出たのは、巻き添えを食った市街地のほうだった。

夜中の突然の艦砲射撃は、住民たちを震撼させた。

「アメリカの軍艦が何の妨害も受けずに目の前まで来た」

と町民のショックは大きかった（図版3－7）。

串本国民学校の校長は、学校日誌に次のように記している。

「午前2時15分ごろより米艦砲射撃を受く。校舎学童職員に異常なし。潮岬校御真影、潮崎本之宮神社1神体を当校壕内に奉還、本日より校長は昼夜とも壕内に奉還に任ず。人心極度に動

図版3－6　艦砲射撃の直撃弾を受けて崩壊した民家。〈艦砲射撃調査隊報告〉より

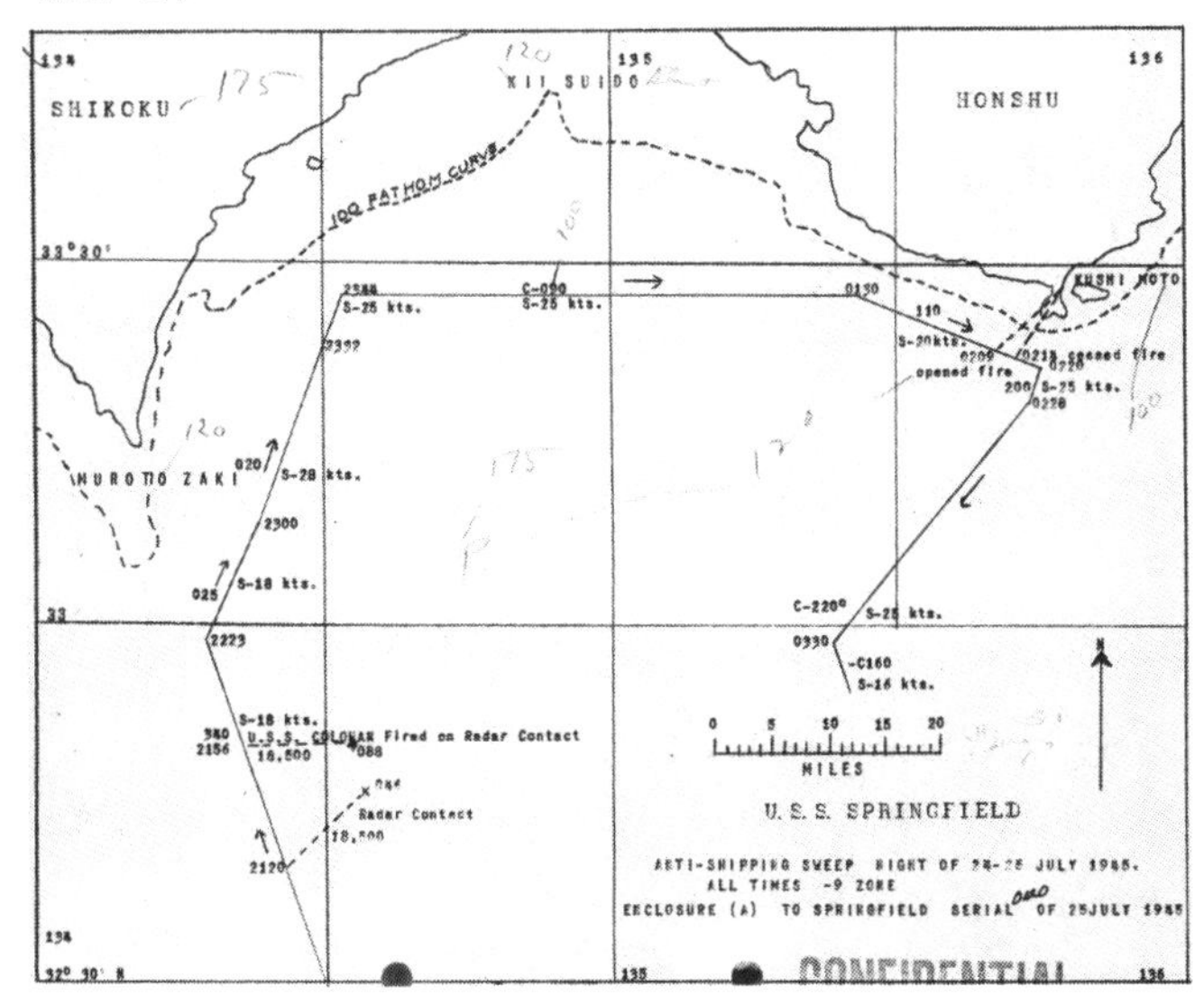

図版3－7　7月25日に串本を艦砲射撃した際の米艦船の航跡図。本土の近海では何の妨害も受けずに沿岸に近づいている。〈軽巡洋艦スプリングフィールド戦闘報告〉（Action Report of U.S.S. SPRINGFIELD）より

揺す」

直接の被害よりも精神的な打撃のほうがはるかに大きかったようだ。

4　迎撃力なき本土に蝟集する艦載機

7月　滋賀県八日市町

空母艦載機が縦横無尽に襲いかかる

日本本土を襲ったのはＢ29爆撃機だけではない。

占領後の沖縄や硫黄島などを地上基地とした戦闘機や、日本近海に出没した航空母艦の艦載機も来襲した。

日本軍が本土周辺の制空権を失い、防空機能が急速に低下した１９４５年７月頃からは、空母艦載機が縦横無尽に襲いかかってきた。

同年7月下旬の関西は、太平洋上の米空母から発進した多数の艦載機による大規模な空襲を受けた。Ｂ29と違って小回りが利いて神出鬼没なことから、不意を突かれて銃撃や爆撃を受けることが多く、市民の大きな脅威となった。

ここでは滋賀県の軍用飛行場への米軍艦載機の来襲について検証しよう。

各空母から発進した攻撃隊は、攻撃ごとに詳細な〈艦載機活動報告〉（Aircraft Action

Report）をまとめている。すでに迎撃する力をなくした日本の軍用飛行場の様子がリアルにわかる。

そして、安全を求めて都市から疎開してきた子供たちまで逃げ惑う事態となっていた。

「敷地には偽の飛行機20機が確認できた」

滋賀県八日市町（現東近江市）にあった陸軍八日市飛行場は、近畿地方の重要な軍用飛行場の一つだった。設立時は民間飛行場だったが、1922年に国内3番目の陸軍飛行場となった（図版3－9）。1000メートル級の滑走路を備え、格納庫13棟、修理工場など40棟のほか、飛行機を隠す掩体壕（格納庫）を設けていた。いまもコンクリート製の掩体壕が残っており、戦争遺跡として保存されている。

1945年7月24、25日の2日間、太平洋上の米空母ハンコックから発進した艦載機が、3回に分けて八日市飛行場を攻撃した。ハンコックが所属した第38任務部隊の〈攻撃報告書〉によると、ハンコックは24日から30日まで太平洋上にとどまり、ほぼ連日、艦載機による空爆をおこなっている（図版3－10）。

串本、田辺湾（和歌山県）、徳島、尾鷲（三重県）、新宮（和歌山県）、明野、伊丹、泉佐野、大阪と、軍事施設や艦船、飛行場など、標的は多岐にわたった。

米軍は空爆時、八日市飛行場には重爆撃機8機、単発機8機、練習機26機の計42機が駐機して

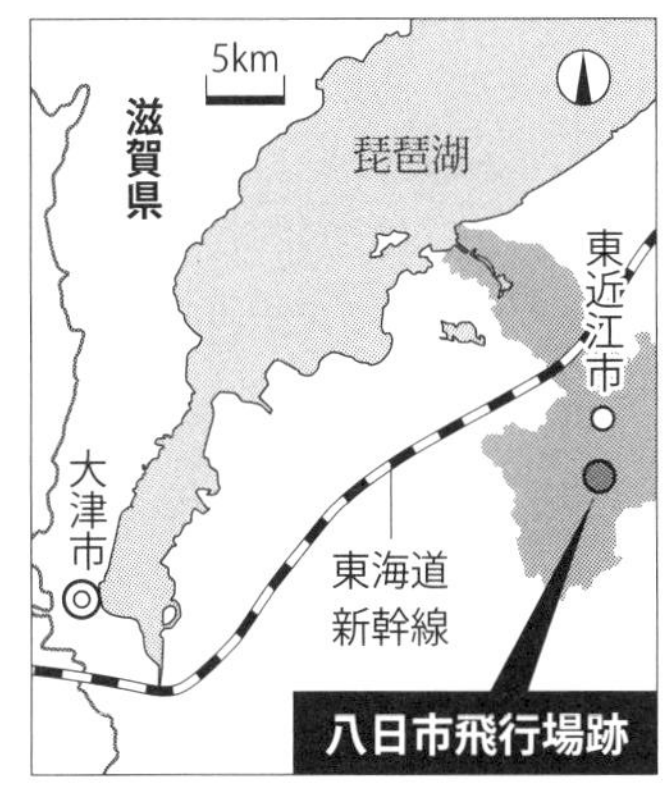

図版３－８　陸軍八日市飛行場跡

図版３－９　上空から撮影した八日市飛行場。日本側が撮影した写真を米軍が入手し、情報票に加えたものと推測される。手前は滑走路の一部と思われる。〈太平洋艦隊司令部作成「航空施設一覧」の情報票〉より

いたことを確認している。本土決戦に向けて、体当たり攻撃の特攻機として使用するため、それなりの機数を温存していたようだ。

7月24日の攻撃で米軍は、八日市飛行場だけでなく鉄道や駅を銃爆撃したほか、一般市民への機銃掃射もおこなっている。ここでは、〈第6攻撃隊活動報告〉（Aircraft Action Report VF-6）62号をもとにこの日の銃爆撃をたどってみる。

午前9時前にヘルキャット（F6F戦闘機）12機の編隊が来襲した。

２５０キロ爆弾7発、ロケット弾36発を発射し、２５０キロ爆弾はすべて格納庫を直撃した。またロケット弾で、地上に駐機していた重爆撃機、単発機など少なくとも4機を破壊した。

「八日市が見えるところに到達すると高度６０００フィートで雲量（うんりょう）10分の3になり、途切れ途切れの雲間に視界が広がるようによくなった。敵機の姿はなく、対空砲火に邪魔されなかったので、旋回（せんかい）しながら爆弾、ロケット弾、０・５インチ銃のどれで目標物を攻撃するか選べた」

「最初に命中した数発が格納庫を直撃して爆発し、大きな煙とがれきをつくったので、つづいて投下された爆弾やロケット弾がどんな損害を与えたか正確に確認することが難しかった」

「格納庫に向けて7発の５００ポンド爆弾（２５０キロ爆弾）が投下され、16発のロケット弾が発射された。１発は爆発と炎上から破壊されたが、その他はどのような損害を与えたかは確認が困難だった」

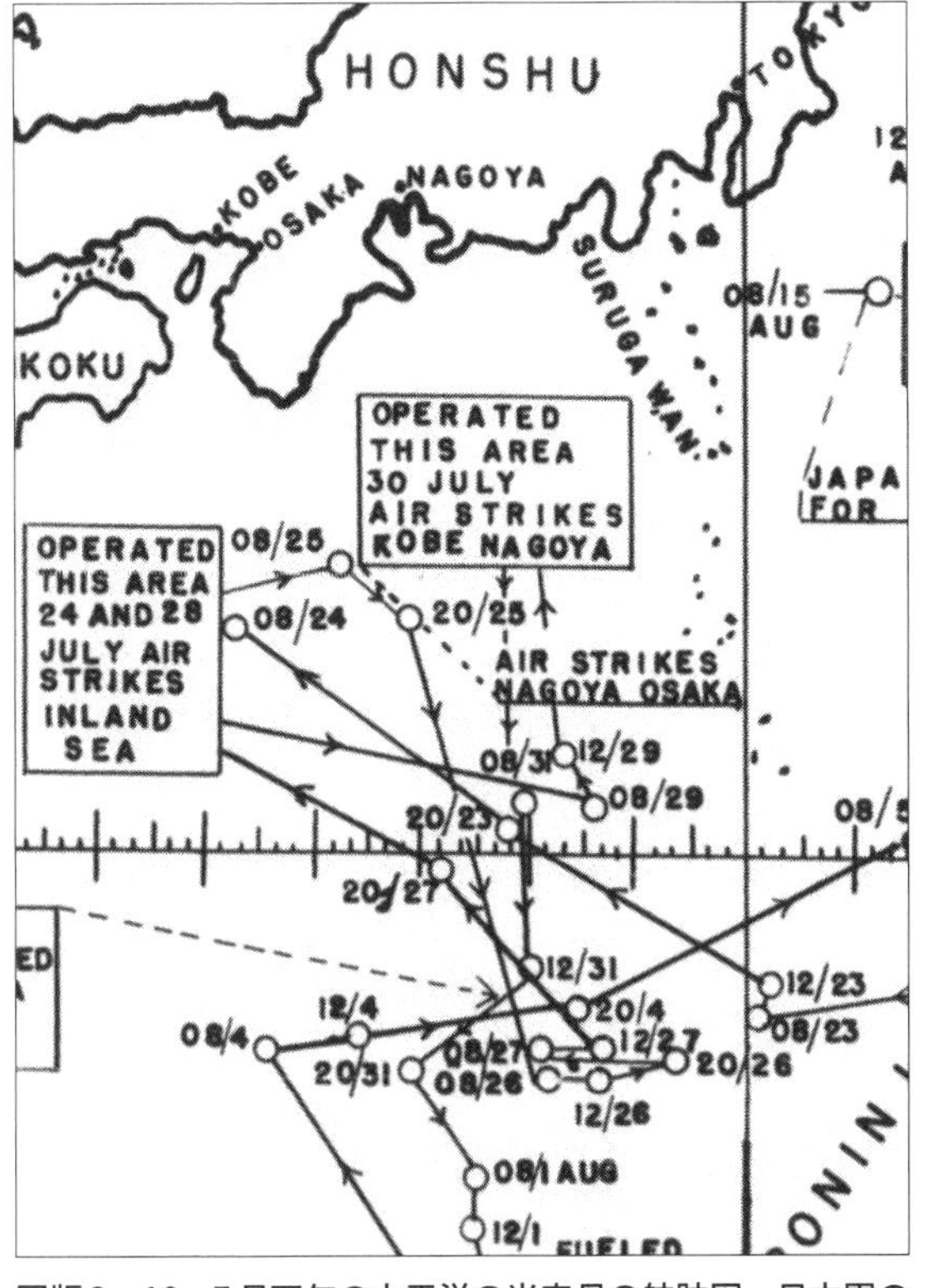

図版３－10　７月下旬の太平洋の米空母の航跡図。日本軍の迎撃を受けることなく自由に行動していることがわかる。〈第38任務部隊戦闘報告〉（TG38 Action Report）より

「敷地には、数えてみると偽（にせ）の飛行機が約20機確認できた。動かせる飛行機は南西の防壁エリアで木や枝をかぶせて隠されていた」

迎撃を受けたとか、対空砲火にさらされたという報告は一切ない。投下した爆弾はほぼ命中したため、激しい煙が発生し、損害の確認

がほとんどできなかったことがわかる。

木材や竹で作られた偽の飛行機の存在を確認しただけではなく、その機数まで数える余裕があった。

「3両編成の機関車を発見し攻撃」

編隊は八日市飛行場を攻撃した後、新たな目標を求めて南下した。交通機関も艦載機の重要な標的となった。

「隊は基地への帰路、谷に沿って本州の南部を縦断しているとき、3両編成の機関車を発見した。隊の中の1機は榛原（はいばら）（現奈良県宇陀（うだ）市）の町の近くで電車を見つけた。列車は攻撃後、線路上で動かなくなった。ほかの2台の蒸気機関車が名張（なばり）（三重県）の近くで発見された。このうち1台は大音響を上げて爆発したが、損害は確認されていない」

地上ではこのとき、どのような惨劇が起きていたのかを示すために、三重県名張市の記録や和歌山県橋本市の追悼碑（ついとうひ）碑文の記述から具体的な被害について以下をまとめた。

近鉄赤目口（あかめぐち）駅（三重県名張市）や榛原駅手前に止まっていた満員の電車が激しい機銃掃射に遭った。赤目口駅ではちょうど出征兵士の見送りがおこなわれていたこともあって大惨事となる。

両現場で少なくとも40人が亡くなった。

名張から少し離れているが、国鉄橋本駅（和歌山県橋本市）では駅舎と停車中の貨物列車への銃撃で6人が死亡、積み荷の松根油（しょうこんゆ）が大爆発を起こしている。

「迎撃機に遭遇することなく低空で機銃掃射できた」

翌25日の攻撃は、午前と午後の2回になった。〈第6攻撃隊活動報告〉67号と79号からたどってみよう。

午前中に、ヘルキャット12機とコルセア（F4U戦闘機）12機の各編隊が相次いで爆撃を加えた。前日と同様に250キロ爆弾とロケット弾を中心に攻撃した。

格納庫はすでにほぼ破壊されていたため、狙われたのは飛行機だった。木や枝で偽装した掩体壕内の軍用機を攻撃して双発機や練習機など37機を破壊し、格納庫や修理工場などの施設はとどめを刺された。

日本側は「されるがまま」だった。

「攻撃機は地上に照準を合わせ、ロケット弾攻撃と機銃掃射は、弾薬が尽きて燃料がなくなりかけるまでおこなわれ、帰還した。攻撃機は迎撃機に遭遇することなく、低空で機銃掃射することができ、偽の飛行機と損害を受けた飛行機とまだ動かせる飛行機が区別できた」

「攻撃の大部分は、木や枝で飛行機が覆われたエリアを狙った。位置を確認され攻撃されることはなかった。低空でも見つけられることはなく、急降下で突っ込むだけで機銃掃射やロケット弾を撃ち込むことができた」

「敷地内の多くの飛行機が明らかに偽だった。何機かはすでに以前の攻撃で大きな打撃を受けており、隊は到着したときに2機が燃えているのを見つけた」

偽装された飛行機や偽の飛行機が並んでいることまで把握(はあく)されている。日本軍に迎撃する力はまったくなく、米軍機は弾薬と燃料が尽きかけるまでやりたい放題に攻撃をつづけていたことがわかる。

疎開児童に逃げ場なく

当時、八日市飛行場周辺の寺院には大阪市内の児童が集団疎開していた。安全と思われていた疎開先にも、米軍の銃弾が容赦なく撃ち込まれた。

愛日(あいじつ)国民学校（大阪市中央区。戦後に愛日小学校となり、1990年閉校）5年生を担当する教諭の疎開日誌がある。平穏な生活を一気にかき乱された様子がわかる（図版3－11）。

7月24日火曜日　警報発令と同時に鎮守森（ちんじゅもり）へ待避

7月25日水曜日　空襲警報ごとに鎮守森へ待避せしが森が危険と考え、これより森待避は中止し、寮にて待避す。避難の荷物整理し各児持ち運びできるようにリュックに詰めしむ

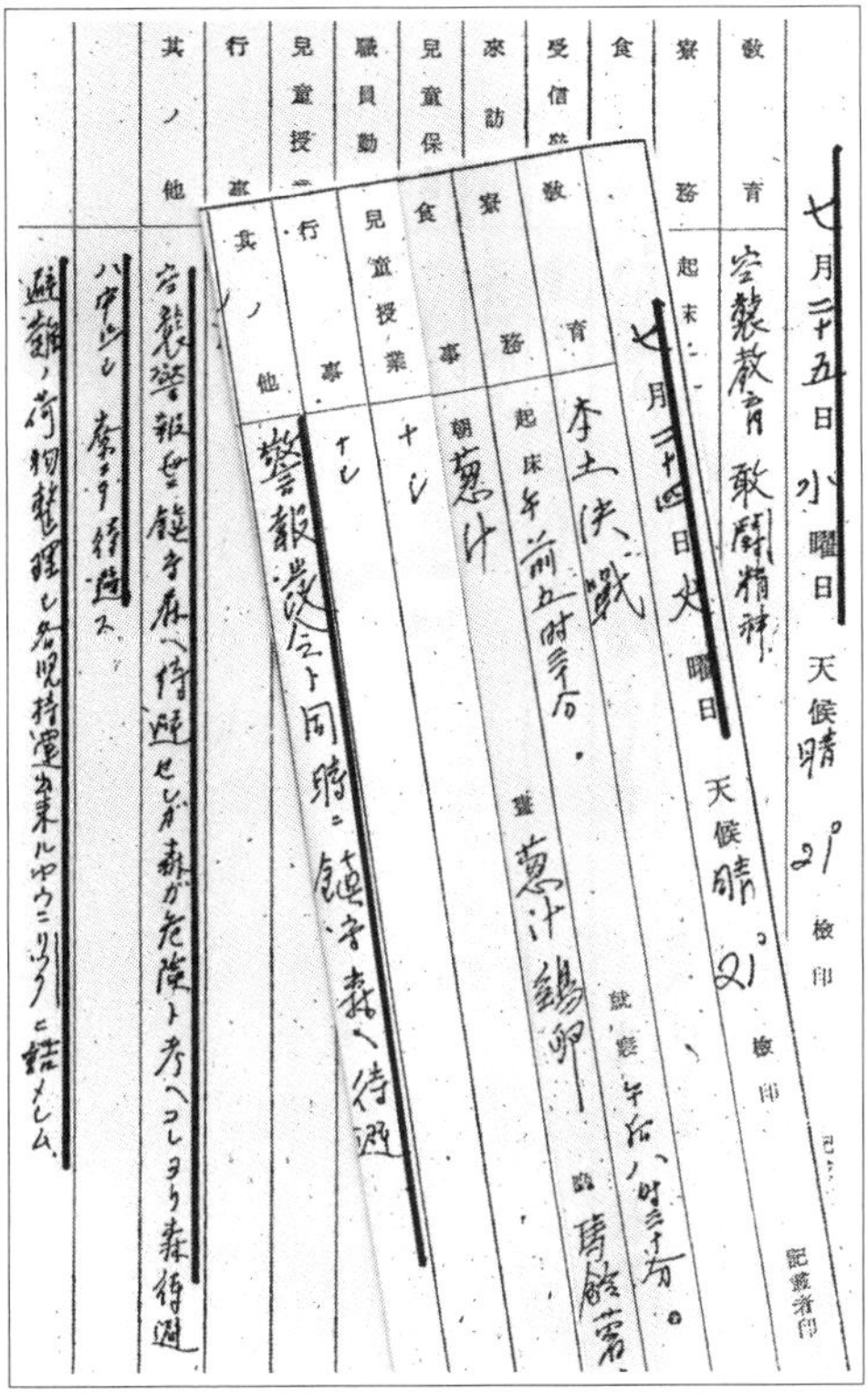
七月二十五日　水曜日　天候晴　21°　検印
教育　空襲教育　敢闘精神
空襲警報毎ニ鎮守森ヘ待避セシガ森ガ危険ト考ヘコレヨリ森待避
ハ中止シ寮ニテ待避ス
避難ノ荷物整理シ各児持運出来ルヤウニリュックニ詰メシム

七月二十四日　火曜日　天候晴　21°　検印
教育　本土決戦
寮務　起床午前五時三十分　就寝午后八時三十分
食事　朝　葱汁　葱汁　鶏卵
児童授業　ナシ
行事　ナシ
其ノ他　警報発令ト同時ニ鎮守森ヘ待避

図版3－11　愛日国民学校5年生の疎開日誌。7月24、25日に「警報で待避」の記述がある

防空壕はなく避難場所は近くの森だった。しかし艦載機の機銃掃射を避けるために、戸外への避難を急遽（きゅうきょ）やめたことがわかる。

のちに元疎開児童の一人は、こう振り返った。

「中庭の炊事場に食器を返しにいく途中、突然機銃掃射に遭った。バリバリとすごい音がしたので、

あわてて建物の中に飛び込んだ」

別の一人はこう証言する。

「警報が出たら、建物の中でじっと伏せているしかなかった」

終戦まで20日あまり。日本本土に安全な場所はなくなっていた。

第4章　敗戦の陰で

1945年8〜12月

1 「1945年版世論調査」――全国3500人インタビュー

調査団による敗戦直後の日本人インタビュー

米国戦略爆撃調査団は調査結果を108巻の報告書にまとめた。その分野は多岐（たき）にわたる。おもなものを挙げてみよう。

・日本の終戦工作や原爆投下の効果など太平洋戦争の帰趨（きすう）についての分析
・東京や大阪、神戸などの大都市での防空体制と現地からの報告
・空襲が保健や医療に与えた影響
・航空機産業と生産実態
・日本の戦時経済における石炭や鉱物資源
・日本の電力産業
・日本の軍需産業

・日本の石油と化学産業
・日本の戦時経済におよぼした空爆の効果
・海上封鎖（ふうさ）の効果
・都市部への空爆の効果
・日本の陸海空軍の戦力分析

なかでも注目すべきは「日本人の戦意（morale）に対する空襲の影響」を分析・検証した報告だ。

敗戦まもない１９４５年11月から2ヵ月間で、全国約３５００人の市民と直接面談し、空襲がどのように生活に影響を与えたのか、戦意を保つことができたのか、政府や軍部に対してどのような考えを持っていたのかなどを聞き取った。

インタビューの対象者は、性別や年齢層、職業、空襲被災体験の有無などに偏りが出ないように科学的な手法で抽出（ちゅうしゅつ）が試みられた。対象都市・地域は、都市部の市民と農村部の市民で2対1程度の比率になるように選定された。

インタビュアーは回答者に対して心理的な圧迫感や緊張感を与えないように、日本語が十分に理解できる日系人の米兵か、英語がわかる日本人とし、３日間の講習が義務づけられた。

敗戦からまだ数ヵ月しかたっておらず、戦時中の記憶は生々しい。もちろん米軍の調査であるから100％の本音を引き出せたとはいえない。

しかし、敗戦直後に科学的手法で実施された大規模な聞き取り調査の結果は、きわめて貴重な記録だ。現存する唯一(ゆいいつ)の「1945年版世論調査」ともいえる。

質問は次の41問だった（枝問を含むと総計は46問）。

1　最近の生活状態はどうか
2　すべてにおいて戦時中より今のほうがよいと思うか
3　戦時中はどんなことが心配の原因になっていたか
4　今年初めから終戦までどんな仕事をしていたか
5　当時の仕事の能率は以前と比べてどうだったか
6　仕事の状態はどうだったか
7　昭和20年初めから終戦まで、決まった休みを除いて何日休んでいたか
8　どのような理由で休んだのか
9　戦争に対する日本のいちばんの強みは何だと戦時中思っていたか
10　いちばんの弱みは何だと戦時中思っていたか
11　指導者の戦争のやり方について戦時中どう思っていたか
12　指導者の銃後の国民への施策について戦時中どう思っていたか

13 戦時中、政権が替わるごとにどんな気持ちがしたか
14 戦時中、人間関係においてお互いの振る舞いや態度が変わっていったか
15 日本中の人が一様に戦争で苦しんでいると思っていたか
16 戦争に勝つ見込みがなくなったのではと疑いはじめたことがあったか
17 日本に勝ち目がないとはっきり思うようになったのはいつ頃からか
18 終戦前、これ以上戦争をつづけていけないと思ったことがあったか
19 日本が降伏したと聞いたとき、どんな気持ちがしたか
20 進駐軍司令部の方針についてどう思っているか
21 これから2～3年間、あなたの家族はどんな暮らしをすると思うか
22 あなたの考えでは、これから日本はどう変わらねばならないと思うか
22a 天皇陛下をどう思うか
23 もし戦争に負けたらどんな結果になると戦時中思っていたか
24 戦時中に米軍がまいた宣伝ビラを知っていたか
24a そのビラにはどんなことが書いてあったか
24b それについてどう思ったか
25 戦時中に反日ラジオ放送を聞いたことがあったか
25a どんなことを聞いたか

25b それについてどう思ったか

26 戦時中、あなたの街の爆撃を予期していたか、免れると思っていたか

27 戦時中、日本が爆撃されると予期していたか、免れると思っていたか

28 米国が日本を空爆したとき、その責任はどちらにあったと思ったか

29 戦時中、米国人のことをどう思っていたか

30 戦時中、新聞やラジオは空爆の模様をどんなふうに伝えたと思うか

31 米国がある街を空爆する前に、予告したのを聞いたことがあるか

32 米軍機が初めて本土へ来たときのことについて何を思い出すか

33 あなたの街の防空設備はどうだったと思うか

34 原子爆弾についてどう思うか

35 実際に空爆に遭ったことがあるか

36 そのことをもっとくわしく話してほしい

37 最も恐ろしかったのは、夜の空爆か、日中の空爆か

38 焼夷弾と爆弾とでは、どちらが恐ろしかったか

39 空爆がたび重なるごとに恐ろしさが強くなったか、慣れてきたか

40 空爆後の善後策（たとえば特別な設備や救済）はどんなものだったか

41 空爆で焼け出されなかった人は罹災者にどの程度の援助をしたか

質問はあくまでも、米軍の空爆が一般市民の戦意をいかに左右したかを検証するためのものだ。しかしインタビュー冒頭から「空襲があなたの戦意にどう影響したか」などと聞いても、まともな回答は期待できない。

最初の8問程度は現在の生活状況を聞き、次の8問で戦時中の様子を聞くなどしてインタビューに少しずつ慣れさせて、徐々に核心に触れるような質問に持っていこうとしていることがわかる。

質問項目には、米国人や占領政策についての質問もいくつか見受けられる。米軍の占領政策に利用しようとの意図も見え隠れする。

質問の中身は何回も検討がくり返され、科学的に練り上げられたプロジェクトになっている。それぞれに目的や意図があるとはいえ、残されている回答の生（なま）データは、敗戦直後に日本人が何を考え、何を感じて、何をしようとしていたのかが克明（こくめい）にわかる生の声ばかりだ。


日本が降伏したと聞いたとき、どんな気持ちがしたか

さまざまな戦争体験者から話を聞くとき、私が必ずする質問がある。

「日本の敗戦を聞いたとき、どう思いましたか」

「残念」「悔（くや）しい」「心細い」「よかった」などいろいろな回答が返ってくる。

もちろん、体験者の証言は額面どおりに受け取り、そのまま記録していくのが大原則だ。

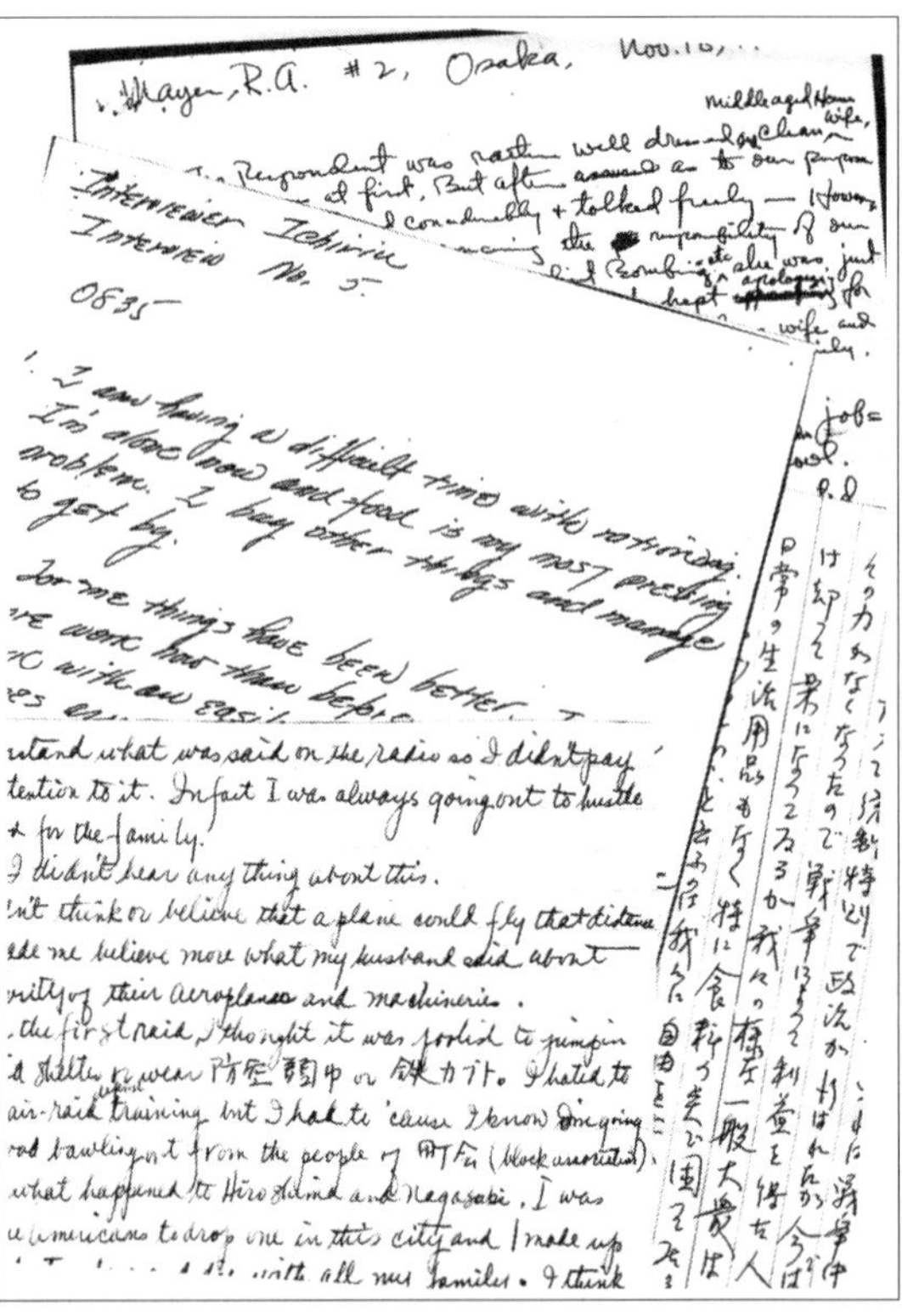
Mayer, R.A. #2, Osaka.

Interviewer Ichikawa
Interview No. 35
0835

I am having a difficult time with nothing. I'm alone now and food is my most pressing problem. I buy other things and manage to get by.

For me things have been better.

...stand what was said on the radio so I didn't pay attention to it. In fact I was always going out to hustle for the family.
I didn't hear any thing about this.

図版4－1　インタビューの手書きメモ。和文のメモもあり、日本人のインタビュアーがいたことがわかる。〈米国戦略爆撃調査団文書〉より

しかし、「本当にそんなことを思ったのだろうか」と疑問に思うことが少なくなかった。

敗戦から、50年も60年も70年もたっている。長い戦後の時間のなかで、新聞やテレビなどのメディアが戦争体験を伝え、さまざまな論評が大量に流されつづけてきた。

日記などに書き留めていない限り、そのときどきの思いや感情は、時間とともに変化していく可能性がある。メディアを通じて流れてきた体験や論評が、いつの間にか自分の記憶になってしまうことはなかっただろうか。

それに対して以下の回答は、1945年末に実施した庶民に対するインタビュー結果だ。回答

をそのまま記録したメモは、当時の思いや感情をいまに伝える、きわめて貴重な資料といえよう(図版4－1)。なお、英文のメモは筆者が訳した。和文のメモは要約したものもある。

１９４５年8月15日。

玉音放送で日本の敗戦を知った日本人は、何を考えたのだろうか。インタビューの問い19「日本が降伏したと聞いたとき、どんな気持ちがしたか」の回答を、京阪神でインタビューを受けた人たちのメモからたどってみたい。

【とにかく「信じられない」「信じない」】

「そんなことはないと思った。嘘(うそ)だと思った。天皇陛下は『勝利の日まで戦え』とおっしゃるのだろうと思っていた。ほかの誰かから玉音放送について聞いたとき、信じることができなかった」(23歳女、大阪市、看護師)

「天皇陛下が降伏を話したとたんに、驚きのあまり号泣した。勝利のために懸命に働いた。日本が降伏するなんて信じられなかった」(39歳男、大阪市、大阪造兵廠(ぞうへいしょう)工員)

「負けるとは絶対思っていなかったので、敗戦を聞いたときは本当だと信じなかった。新聞で本当だと知って感無量だった。悔しいといってよいのか、悲しいといってよいのかわからない気持ちだった」（22歳女、大阪市、国民学校教員）

「とても信じられなかった。いままで戦争に負けたことがなかったし、日本が無条件降伏するというようなことは信じられなかった。自殺する以上に最悪なことだった」（49歳男、大阪府豊中市、医師）

「最初は嘘だと思った。日本が降伏するなんて考えたことがなかった。日本国民は名誉の死をとげると漠然と考えていた」（39歳男、大阪市、製鉄所工場長）

【呆然として虚脱したまま、何も手につかなくなった】

「ラジオで天皇陛下の終戦のお言葉を聞いたときには、前途が真っ暗になってただ2～3日呆然としていた。何もする気がしなくなったが、どんなことになっても皇室だけはいままでどおりに存続されたいと思った。そのときには理由などなく、戦争中にいつも思っていたことが頭に来ただけ」（18歳男、大阪市、造兵廠鋳造工）

「最初聞いたときは嘘のような気持ちだった。2～3日はなんだか気が抜けたような気がし

た」（30歳男、大阪市、徴用工）

「張り切った気がゆるんで一時は仕事も手につかなかった。同時にホッとした気持ちがした。うれしさと悲しさが混じって、なんともいえない気持ちだった」（44歳男、大阪市、造兵廠枚方製造所工員）

「悲しいニュースを伝える、人生で初めての天皇陛下の声を聞いたとき、何かが私の体の中で一杯になりはじめた。心の中で泣き叫び、その日はまったく仕事が手につかなかった。2日ほどは仕事をする気にならなかった。仕事に身を入れることができず、喪失感と空虚を感じた」（43歳男　大阪市、造船所工員）

「ポツダム宣言受諾を聞いて唖然とした。戦争に負けたことがない国であったため、敗戦を聞いて全希望を失ってしまった」（49歳男、大阪市、会社員）

【降伏するのなら、もっと早く降伏してほしかった】

「涙が出た。もうちょっとやるだろうと思っていた。そんなに弱いと思ってなかった。負けるのだったらもっと早めに降伏したらと思った」（23歳女、和歌山市、主婦）

「天皇陛下に申し訳がないと思った。勝てない戦争なら、なぜ早く停戦しなかったのかと思った」（26歳女、大阪市、農業）

「遅かれ早かれ負けるだろうと思っていたので、戦争が終わってうれしかった。家族も無事だったので。４月に降伏していれば大都市の破壊を免れたのにと思った」（44歳男、大阪府豊中市、精錬所工員）

「降参するのなら、もっと早く降参すればと思った」（59歳女、神戸市、農業）

「どうせ降伏するなら、いずれこうなることを知っている軍部が、なぜ被害の少ないうちに停戦しなかったのかと思った」（54歳男、大阪市、土木請負業）

「もっと早く手をあげておいてくれたら、こんなに焼かれたりやられたりしなかったのにと思う。特に私は焼かれた一人だからよけいに思った」（51歳男、大阪市、鋳物業）

「情けない気持ちがした。こんなに負けるなら、最初から戦争なんかはじめなければよかったのにと指導者を恨んだ」（19歳男、大阪市、旋盤工）

「すっかり軍に馬鹿にされたと思って気が抜けた。どうせ降伏するのなら、なぜ空襲でこんなに酷（ひど）くならないうちに降伏しないのかと思った」（27歳女、大阪府豊中市、主婦）

「ここまで苦しんで、これほどまで苦しまないうちに、なんとかできなかったのかなと感じた」（45歳男、大阪府三日市（みっかいち）村、薬局店員）

【敗戦で日本はどうなるのか、自分はどうなるのかという不安】

「一生懸命やったのに負けたことは残念だった。同時に自分たちはどうなるのだろうかと心配した」（15歳男、京都市、葬儀店手伝い）

「失望した。日本が戦争に負けて何が起きるのか、心配だった。日本人はすべて虐待（ぎゃくたい）されるのではないかと思った」（19歳女、大阪市、事務員）

「子供のこと、私たちの将来が心配だった。もう自分の家はなかったし、将来の生活がどうなるのかと思った」（42歳女、神戸市、看護師）

「天皇陛下の放送を聞いてホンマにしなかった。泣くに泣けない気持ちだった。これから先ど

んなにしていくかと思って、とても心細くなった」（62歳女、大阪市、主婦）

「驚いたし恐怖を覚えた。敗北を予期していたが、降伏を聞いたときは将来どうなるのかと心配した。米国人が何をしてくるのかと恐ろしく感じた」（50歳男、大阪府三日市村、元大阪府職員）

「日本が負けたと聞いて悔しいと思った。日本の国民はみな死んでしまうと思った」（36歳女、大阪市、主婦）

「落胆した。私たちは奴隷のように使い回されるだろうと思った。女性は売春婦になるだろうと思った」（59歳男、大阪市、銭湯経営）

「しまいには（米軍の）奴隷になるのだと思っていたから、夜の外出は恐ろしかった」（21歳女、京都市、主婦）

【もちろん戦争が終わってよかった】

「（日本の降伏は）嘘だと思った。しかし偽ニュースでないとわかって安堵した。日本はこれ以上戦争がつづけられないし、負けることはわかっていた。終戦は爆弾に当たることから命を守ってくれることを意味した。少なくとも、生きていくことは保証される。自宅に帰ったときどれだけうれしく幸せだったか、忘れることができないと思う。除隊される機会を待っているあいだ、逃亡しようとさえ思っていた」（29歳男、大阪市、再応召中）

「日本は飛行機も少ないし、負けるのはしかたがない。これから何かよいことがあるだろうと思った。平和にさえなれば結構だと思った」（35歳女、大阪市、主婦）

「うれしかった。電灯もつけられるし、壕に入らなくてすむし、夜も楽に寝られるのでよいと思った」（45歳男、和歌山市、牧畜業）

「戦争が終わってうれしかった。兄が家に帰ってくることがわかったから」（16歳女、大阪市、工員）

「やれやれと思った。残念ながら。利害関係、欲も得もなしにそう思った」（43歳男、大阪府豊中市、農業）

「わが国の燦然たる歴史に対して、われわれの時代に大きな恥をつくってしまったと思った。ただ、のちにはこのような方法で戦争が終わってよかったと思いはじめた。なぜなら、日本を再建するまたとないよい機会かもしれないからだ」（56歳男、大阪府三日市村、大阪裁判所判任官）

【天皇に対する謝罪や思い】

「陛下の玉音を聞いた。とても勝てる見込みがなく、陛下が戦争を止めるという命令を出されたのはありがたいことだと思った。陛下のお気持ちを考えたとき、涙がこぼれた。上の人は、勝手なことをして最後には陛下をマイクの前に立たせて『何をしていたんだ』と考えた」（43歳女、大阪市、主婦）

「天皇陛下には申し訳ないと思った。どうせやるなら最後の一人までやったらよいのにと思った」（24歳女、大阪市、銀行員）

「天皇陛下が直面した最も厳しい状況だったと知った。天皇陛下は庶民のことだけを考えた後、私たちを救うために無条件降伏が唯一の手段であると決断された」（回答者はこの質問に答えた後、泣きはじめた）（34歳女、大阪市）

「陛下が終戦を発表したとき、自分らの生命は助けられたとその思し召しをありがたく思った」（53歳男、大阪市、工場事務員）

「われわれはついに降伏したのかと思い、すごく落胆した。天皇陛下の放送を聞いたとき、国民のことをここまで考えてくださっているのかと思い、非常にありがたかった」（21歳女、大阪市、女子専門学校教員）

「みなが差し違えて死のうかというような……なぜ降伏せねばならないのか。天皇陛下にすまないことだと思った。（陛下の）あの放送を聞いたときには、みなが泣く思いだった」（49歳女、大阪府三日市村、農業）

「陛下にはお気の毒だったと思う。これはすべて軍部のせいだ。東條（英機）をはじめ彼ら一派の罪だと思った」（56歳男、和歌山市、元大審院検事局書記長）

このとき勝ち目がなくなったと思った

太平洋戦争末期の日本人は、一種の集団ヒステリー状態だったとの指摘がある。冷静に考えれば日本が米国に勝つ可能性はゼロに等しいのに、「いつか神風が吹いて……」などと考えていたという話が伝わっているからだ。

日本人は8月15日に玉音放送を聞くまで、本当に日本の勝利を信じていたのだろうか。それとも、口には出さないけれど、ひそかに日本の敗北を考えていたのだろうか。いまとなっては、当時の日本人の本音を直接聞きだすことはできない。

米国戦略爆撃調査団のインタビューでは「日本人の戦意が低下したのはいつ頃からか」「庶民に厭戦気分が広がりはじめたのはいつ頃からか」が重要なテーマになった。

全41問の質問のなかに、空爆が日本人の戦意にどのような影響を与えたのかを知るための質問が3問設けられた。そのうちの一つである問い17「日本に勝ち目がないとはっきり思うようになったのはいつ頃からか」に注目し、全国の人たちがどのように回答したのか見ていきたい。

回答を個別に見ていくと、集団ヒステリー状態どころか、多くの日本人が冷静に戦争を見ていたことがわかる。残されたメモからたどってみよう。

【劣勢の戦局】

1944年後半から顕著になってきた日本軍の劣勢から、「勝ち目がない」と考えたという人が多かった。大本営発表はデタラメな内容になってきたし、新聞もラジオも信用できなくなっていた。

それでも、日本軍守備隊の相次ぐ全滅の報で判断した日本人は少なくなかったようだ。

ガダルカナルからの撤退やサイパン島の守備隊全滅など、敗戦の1～2年前から日本の劣勢を考えていた人がいた。圧倒的に多かったのが沖縄の日本軍が全滅した1945年6月頃だった。日本本土への米軍上陸が現実のものとなった沖縄の陥落は、それまでの玉砕や全滅とはまったく違った意味を持つものととらえられた。

図版4－2　大阪市内でインタビューへの協力を求める自治体職員。〈米国戦略爆撃調査団報告書〉より

「ガダルカナルを失ってから、結局負けると思った」（41歳男、福岡市、映画館主）

「フィリピン戦のとき、ハッキリ敗戦を感じた」（30歳男、東京都、農業）

「米軍がサイパンに上陸したときから」（33

歳女、京都市、主婦)

「サイパンをとられ、あっちもとられということを聞きますと……」(59歳女、神戸市、農業)

「日本がどんなに強くても、米国の科学的な進歩と国が離れている距離を考えれば、打ち負かすことはできないと思った。サイパン陥落で日本が負けるように感じた」(44歳男、横浜市、自動車工場監督)

「今年の初めから戦果が上がらず、そして国民の士気が下がってきたので、勝ち目はないと思いました」(41歳女、京都市、電話局員)

「沖縄戦のときにハッキリ敗戦を感じた」(57歳女、東京都、主婦)

「沖縄島がとられたときは、もうはっきり負けると思いました」(35歳女、東京都、主婦)

「沖縄における決戦後。本土で決戦するには、これを防衛する準備が薄いと思った。軍艦も飛行機も少ない」(22歳女、大阪市、国民学校教師)

「沖縄の玉砕のとき。沖縄から帰った人から聞いていよいよ駄目だと思った。その後はどうなってもよいと覚悟した」（22歳女、大阪市、販売員）

「沖縄の陥落の際でした。それから本土海岸線に陣地構築がはじまり、敵の上陸を待っているというような態勢で、最悪の場合を予感した」（49歳男、大阪市、会社員）

「沖縄が陥落したとき日本は勝利をつかむことができないと感じた。でも心の中では勝利を祈っていた」（21歳女、福岡県京都（みやこ）郡、駅員）

「沖縄陥落後、指導者たちは敵を撃退するために竹やりを作らせてとても興奮していた。沖縄が落ちたと聞いたときに日本は戦争に負けると思ったし、日本は破滅すると思った」（42歳男、山口県萩市、神官）

「今年の6月初めにそう感じた。地図から推測してそう思った。沖縄が侵攻されて落ちたとき、地図にしたがうと日本は囲まれてしまった。地図上、中国は西側、フィリピンと沖縄の米軍は南側、北側からソ連とアメリカ。日本は占領地からの輸入路を断たれ、近いうちに敗北するだろうと感じた」（42歳男、横浜市、技術者）

【空襲の激化や自身の被災】

空襲が激しくなり、街が焼かれ、おびただしい人が犠牲になったことは多くの日本人に精神的なショックを与えた。自分や家族が直接被害を受けた人はなおさらだった。日本軍の劣勢よりも、自分自身や自分の周囲の惨劇は急速に戦意を低下させてしまった。

「6月26日頃に、長くても2ヵ月か3ヵ月持ちこたえたらいいところだと思った」（33歳女、大阪市、主婦）

「今年の3月に大空襲がつづいて大都市が相当に爆撃されたので駄目だと思った」（44歳男、大阪市、工員）

「7月半ば頃、大空襲が各所にあってから駄目だと思いました」（40歳男、大阪市、徴用工）

「日本の工業地帯全部を空襲されて、造船、航空機の生産不可能におちいり、今年の3月の末頃に思っていた」（19歳男、大阪市、旋盤工）

「すべての都市が爆撃されて会社も工場も破壊された。しかし私たちは敵が上陸してきたとき

に攻撃する準備をしていた。そのような状況で勝利の望みはないと思った」（19歳男、富山市、工員）

「私が確信したのは7月だった。自宅が焼失した後、私はこれ以上は無益な戦いになると認識した。ラジオのニュースや新聞は日本にいいことばかり伝えていたので、どう考えていいのかわからなかった」（19歳女、横浜市、裁判所職員）

「今年になって東京への爆撃がはじまってから、日本が勝つのは難しいと感じるようになった。米軍の空襲を避けることができなくなった。さまざまなところで玉砕した後に米軍に占領された。勝ち目がなくなったと感じた」（44歳男、京都市、工員）

【原子爆弾の投下】

国内には厳しい報道統制が敷かれていたとはいえ、広島と長崎に投下された原子爆弾の威力は口コミであっという間に全国に広がったようだ。日本軍の敗退とたび重なる空襲のなかで、「一瞬にして街を全滅させる新兵器」の出現は、庶民にとって脅威（きょうい）以外の何物でもなかっただろう。

「原子爆弾を2回目に落とされたときに、はっきり勝ち目がないと思った」（57歳男、大阪市、

工員）

「広島や長崎で原子爆弾が落ちて、日本もついに敗戦国になったという気分になった」（62歳男、大阪市、工員）

「原爆が投下されたとき、日本は負けると思った」（57歳男、三重県宇治山田市、パン職人）

「原爆のとき。2発の原爆でたくさんの人が殺されて戦争をつづけていくことはできないと思った。もし抵抗をつづけたら、敵はもっと原爆を投下しただろう」（18歳女、長崎県時津（とぎつ）村、農業）

【物資不足や工場生産力の低下】

精神力ではどうしても補えないのが物資不足だった。軍需工場で働いていた人たちは、物資不足が原因で生産力が日ごとに低下していくのを目の当（ま）たりにした。毎日のように米軍機が空爆してくるなかでの工業生産力の衰退は、いやおうなく日本の劣勢を認めることにつながった。

「1945年1月に大阪で徴用で働いていたとき確信した。私が働いていたところは船をつくっていたが、材料が全然ないのを目の当たりにした。仕事を離れるときになぜ仕事がないのか社長に尋ねた。船を造れという海軍からの命令も社長にはなかった。そのとき日本は勝てないと実感した」（43歳男、岐阜県大垣市、製材業）

「1945年6月頃、勝つことができないと思った。工場の労働者と話していて、彼らがこれ以上協力していきたいと思わなくなったように感じた。工場の労働者たちは工場で働きたくないように見えた」（32歳女、長野県小県（ちいさがた）郡、農業）

「今年の3月、4月頃に同級生と集まったとき、日本は負けるんじゃないかと話し合った。物資の欠乏（けつぼう）で物価は上がるし、食糧不足なのに重労働で体調は崩すし、労働力不足で生産能力は落ちたからだ。自宅に帰って両親に話すと、そんな話をしたら逮捕されるとすごく心配された」（21歳女　京都市、工員）

「仕事の関係上、上の人や外の会社の人と面談し被害状況や生産状況がわかって、これではダメだと思った。B29の戦果は政府の発表と違うと聞いたし、工業の部品関係の生産ができなくなった。新聞などを見たりして今年の3、4月頃にそう思った」（38歳男、大阪市、工場勤務）

【最初から勝ち目はないと思っていた】

わずかだが、開戦当初から日本に勝ち目はないと思っていた人もいた。

「私は戦争がはじまってすぐのときからこうなると感じていた。日本は悪いと思ったからだ。日本は戦争をはじめて外に出ていったから悪い」（49歳女、秋田県柴平村、農業）

「40年ぐらい前にニューヨークに行ったことがあるので、科学の分野で米国がどれだけ進んでいるのか知っていた。日本ではまだランプを使っていたが、ニューヨークでは電灯を使っていた。こんなことから、日本はこの戦争に勝つことはないと考えるようになった。戦争がはじまったときからそう思っていた」（61歳男、名古屋市、配給所職員）

【最後まで勝利を信じていた】

逆に最後まで日本の勝利を信じていた人もいた。空襲で焼け野原が広がっていた大阪や東京の人に多かった。

「何か作戦があるのではないかと思っていた。全然駄目だと思ったことはない」（44歳男、大阪市、造兵廠工員）

「欲目なのか、トコトンまでやられていっても最後には勝つのではないかと思っていた」（62歳女、大阪市、主婦）

「8月15日に降伏するまでは、米軍をそばに寄せつけてバーッとやっつけてしまうと思っていただけだ」（55歳男、大阪市、植木職人）

「はっきりと敗戦を意識したことはなかった。本土決戦で最後に押し返すという希望を持っていた」（45歳男、東京都、団体職員）

「この冬が難しい戦いだけれど、それを通り越せば日本が勝つとみんなが言っていたから、それを信じていた」（28歳女、京都市、主婦）

「終戦になるまで駄目だと思ったことはない。敵が本土上陸したときが最後の決戦になって、そのときに勝つと思っていた」（43歳男、京都市、工員）

「日本の飛行機が飛んでいなかったときでさえ、日本が負けるなんて考えなかった。海軍が控えているので日本が負けることはないと考えていた。飛行機が飛ばなかったときは、最後の勝

利のために待機しているのだと考えていた」（30歳女、福岡市、主婦）

【勝つとも、負けるとも……】

勝ち目があるとはいわないが、まさか日本が負けることはないだろうというどっちつかずのまま敗戦を迎えた日本人も少なからずいた。もしかすると、実際のところはこんな考えが一般的だったのかもしれない。

「とても勝てるとは思わなかったが、頑張ってさえいれば平和交渉になるだろうと思っていた」（25歳女、東京都、主婦）

「勝たないにしても負けるとは思わなかった」（40歳女、大阪市、主婦）

「はっきりと考えたことはなかった。結局は引き分けになると思っていた」（19歳男、京都市、工員）

最後にこんな証言を紹介しておこう。

「戦闘機が機関銃を浴びせてきたとき、高射砲陣地の兵士たちが防空壕に逃げ込んだと聞いて敗北を確信した。兵士が逃げてしまうような状態では勝利はないと感じた」（46歳男、福岡市、炭鉱夫）

もし戦争に負けたらどうなると思っていたか

米国戦略爆撃調査団の一般市民約3500人へのインタビューのなかに「もし戦争に負けたらどんな結果になると戦時中思っていたか」との質問があった。少なからぬ日本人が最後まで日本の勝利を信じていた理由の一つに、「もし負けたら米国から酷(むご)い仕打ちを受けるから、なんとしても勝たなければならない」という思いがあったのではないだろうか。

鬼畜米英というスローガンが浸透し、米国人は野蛮(やばん)な国民だという軍部や政府のプロパガンダに影響された人が多かったにちがいない。

【米国の奴隷になる】

最も多かったのが「米国の奴隷になる」という回答だった。戦前、列強国の植民地となった国では、民衆が奴隷のように酷使(こくし)されていた。戦争に負ければ敵国の奴隷にされてしまうというのは、当時のごく普通の感覚だったのだろう。

図版4－3　大阪市内でインタビューに応じる女生徒。〈米国戦略爆撃調査団文書〉より

「戦時中は敗戦の結果、奴隷になるだろうと思った」（18歳男、東京都、工員）

「もし日本が負けたらアメリカの奴隷になるのだと聞いていたから、勝つことばかり考えていた」（27歳女、大阪市、主婦）

「日本が敗戦したら領土は連合軍の手に帰し、国民は奴隷のように使われると思った」（35歳男、京都市、会社員）

「負けたらなどと思わなかったが、万一そうなったらみな奴隷になると思っていた。勝つか滅びるか、自分の生命はいつでも自分で断つと思っていた」（38歳男、大阪市、工場勤務）

「政府の宣伝を信じていたので、負ければ国家は存在しなくなり、国民は奴隷のような地位に落とされるだろうと思った」（18歳男、大阪市、工員）

「もし負けたら日本人は奴隷になり、日本は植民地になると思っていた。世間の噂（うわさ）でそう信じていた」（21歳女、京都市、主婦）

「奴隷として苦しい生活をしなければならんかと思った。小さい時分から、戦争に負けたらそうなると教えられていたから」（33歳女、大阪市、主婦）

「もし負けたら日本は無条件降伏に従い連合軍に対して服従し、一生ひどい目に遭うだろうと思った」（62歳男、大阪市、工員）

「日本はめちゃくちゃになると思った。若い者は生きてはいないだろうと思った。日本軍は全滅、そして日本は米国の奴隷になるだろうと思った。そして私の死後、母親がどうなるだろうかと思っていた」（19歳男、京都市、工員）

「国家としての日本はなくなり、国全体がアメリカの直接支配下におかれると思った。要するに奴隷になるということ。もちろんこのような考え方は新聞やラジオを通じてすべて形作られた。日本人はすべての人権を失い、いかなる自由も認められなくなると思った」（26歳男、横浜市、酪農業）

【日本軍が他国でやったことと同じことが起きる】

日本軍が中国大陸などの占領地でおこなってきたことを知る人は、同じことが米軍支配下の日本でも起きると考えたようだ。日本軍が現地人に対してどのような酷い仕打ちをしてきたかは、帰還した兵士らによって国内で相当広まっていたとみられる。

漠然とした不安や政府の宣伝に乗った噂話ではなく、説得力があった。

「日支事変（日中戦争）での私自身の経験から、日本がこの戦争に負けたら、われわれが中国人にしたように日本人は米国人の奴隷になると思っていた。日本が負けたら家族とは一緒に暮らせなくなると思った。私たちが中国で中国兵をたたきのめしたように、私たちはアメリカ人に扱われると思っていた」（29歳男、長野県、トラック運転手）

「日本人は奴隷になると思った。退役軍人から聞かされた話で、奴隷という言葉があまりに無情でとげとげしかった。日本人は占領軍の労務者になると思っていた。フィリピンや中国では

日本兵によって現地の人たちがそのように扱われていた」（32歳男、秋田市、公務員）

「日本では暴動が起こり、家族が離散してしまうと思った。中国から帰った兵士から日本兵が取ったような残酷なことを聞き、米軍が来たときにもされるだろうと思った」（15歳男、京都市、工員）

「平素日本兵が中国で悪いことをしていたと聞いていたから、負けたら米兵に殺されるのではないかと思った。もしくは米国の奴隷になると思っていた」（19歳男、大阪市、旋盤工）

【日本人は全員殺される】

奴隷どころではなく、負ければ日本人は皆殺しにされると考えていた人も大勢いた。

「もし日本が負けたら私たちは全員殺されると思っていた。日本兵は日本が勝っていた最初のあいだ、そのようなことをしていたと聞いた。だから米兵も同じようなことをすると思った。銃剣を持った米兵がすべての家に押し入り、私たちを殺すと思っていた」（49歳女、横須賀市、主婦）

「日本人はすべて殺されると思った。日本人は悪いことをしていたのだから、死は避けがたかった。そんなことになる前に戦争が終わるよう祈っていた」（18歳女、横浜市、主婦）

「敗戦したら国民全部は死滅しなければならぬと思っていた。軍部の宣伝と教育によって、男子はみな殺されて女は助かるだろうと信じていた」（54歳男、大阪市、建築業）

「負けたら私たちは皆殺しにされてしまうと思った。（日本の）漫画などに日本人を並べて連れていくのがあったり、火をつけて燃やされたりしたのがあったからそう思った」（43歳女、大阪市、主婦）

「日本の領土を減らして日本人を半分にするといっていたから、それを心配していた。殺されると思った」（33歳女、神戸市、主婦）

「戦争中は、もし負けたら日本はいったいどうなるのだろうとみんな話していた。男は全員殺されて、老人と女性は奴隷になると思っていた。そんなことを心配した」（56歳男、神戸市、警察官）

「私たちは殲滅（せんめつ）され誰も生き残れないと思った。戦争が終わったとき、国家として日本は何も残らないと思った」（42歳女、神戸市、主婦）

【日本人は全員玉砕する】

「米軍に皆殺しにされたり、米国人の奴隷になるぐらいなら玉砕して果てたほうがいい」という日本人が相当いたようだ。

「日本人は全部玉砕する。つまり一人残らず死んでしまうと思っていた」（57歳男、大阪市、工員）

「もし負けたら日本は独立を失い、米国の支配下に置かれ隷属（れいぞく）させられるものだと信じていた。最後の一兵卒まで戦えという教えによって、日本国民は死滅すると思っていた」（49歳男、大阪市、会社員）

「敗戦によって捕まえられるようなことがあったら、子供を殺して自分も死のうと思っていた」（25歳女、東京都、主婦）

「敗戦の結果は滅亡だと思っていた。最後の一人まで戦う決心を持っていた」（45歳男、東京都、団体職員）

「敗戦した以上は戦時中より酷い生活難と奴隷の境遇に落ちるから、戦って散ったほうがよいように感じた」（35歳女、東京都、領事館勤務）

「日本の人間はいないと思った。そこまで日本は戦うと思っていた。負けたら自分はいないと思った」（34歳男、東京都、工員）

「負けたら生きていられないと思った。いままで負けたことがないから。日本はいままで勝っていたから」（28歳女、東京都、主婦）

「敗戦の結果は国民全滅だと恐ろしかった」（30歳男、東京都、農業）

「私は全部死ぬと思いました。日本は連合軍にとられてしまうと思った」（26歳男、京都市、機械工）

「負けたら日本人は内地に住めないと思った。だから日本人は最後まで戦うと思った。日本は米国の植民地になると思った」（44歳男、京都市、工員）

【ドイツと同じ運命になる】

1945年5月に無条件降伏した同盟国・ドイツと同じ運命をたどると考えた日本人もいた。ただ、降伏後のドイツについては日本国内でほとんど報道されなかったから、単なる噂話として広まったことが信じられてしまった可能性もある。

同盟国としてともに戦ったドイツの敗戦は、日本人のなかに暗い影を落としたことは確かで、「ドイツのようになってしまう」というのは恐怖だったのだろう。

「ドイツの二の舞を踏むのではないかと思った。日本は独立を失い分割されると思いました」（44歳男、大阪市、造兵廠工員）

「日本はなくなり米国の奴隷になるのだと思った。ドイツのような破壊と敗残の国になると思った」（23歳女、大阪市、事務員）

「負けたらいまのドイツのように奴隷になると思った。食糧配給が不自由になるのではないか

と思った。負けてしまえば日本は駄目だと思った」（30歳男、神戸市、徴用工）

「みじめなもので乞食同様になると思った。詳細は知らないがドイツと同じようになると思った。みじめな国になって奴隷になると思った」（35歳女、京都市、主婦）

【心配しなかった】

多くの日本人が切羽詰まった考えを持っていたのに対し、「心配するようなことはなかった」と答えた人がいた。

「もし日本が負けたらどうなるのか不安だった。ただ、私は米国についてそんなに心配していなかった。米国人は残酷ではないと知っていたから」（62歳女、山口県萩市、主婦）

「私は何が起きるか心配しなかった。近所の人たちは、米軍が来たら女性を山に避難させようと準備していた。私はアメリカ人がどんな人たちか知っていたし、女性たちについて心配しなかった」（43歳男、大阪府豊中市、金融業）

「ラジオや新聞を通じて、もし日本が降伏すれば日本人は全員殺されるといわれていた。しか

し私は米国人がどんな人たちか知っていたし、そんな心配は少しもしなかった」（35歳男、東京都、旧制高等学校教授）

「負けたらその結果はかえってよくなると思った。勝ったらなお軍国主義で抑えつけられると思った」（35歳女、東京都、主婦）

原子爆弾についてどう思うか

米国戦略爆撃調査団が重要視したテーマの一つが原子爆弾投下の影響だった。広島市と長崎市に支部を置いて調査したことからも、力の入れ方がわかる。原爆投下が日本人の意識にどのような影響を与えたのかは調査項目の一つとなった。

全国約３５００人へのインタビューでも「原子爆弾についてどう思うか」との質問が設けられた。ほとんどの人がその威力と恐ろしさについて言及している。

ただ、当時の一般市民はどうやって原子爆弾の威力や恐ろしさを知ったのだろうか。

８月６日の広島、９日の長崎への原爆投下について新聞は報道した。しかし、戦時中の厳しい検閲（けんえつ）のせいで、８月15日までは原爆の威力や残虐性を伝えるよりも、「原爆を過度に恐れるな」といったような記事になっている。

敗戦とともに検閲がなくなり、広島に入った記者がその残忍な現場を伝えた。ただ、当時の新聞は表裏のペラ2ページで、敗戦直後の混乱もあって十分なニュース量とはいえなかった。

日本を占領した米軍＝GHQ（連合国軍最高司令官総司令部）は、9月中頃にプレスコード（占領軍批判取り締まりのためGHQが日本の新聞・出版に発した準則）を発効した。原爆報道はプレスコードの対象の一つとなったため、日本人に原爆の実情がなかなか広まらなかった。

このインタビューがおこなわれるまでに、報道機関が、日本の一般市民に対し原爆被害の実情をありのままに伝えることができたのは、敗戦からわずか1ヵ月間ぐらいだった。

それにもかかわらず、インタビューでは大部分の市民が原子爆弾の恐ろしさを口にしている。わずかな時間に原子爆弾の被害に関する情報はあっという間に全国に広がったことになる。

敗戦直後で交通機関や通信設備はズタズタになっていた。そんななかで広まったのはまさに口コミの威力だろう。広島は中国地方の中心都市であり、京阪神と九州を結ぶ山陽本線の真ん中あたりに位置する。人の往来が激しい都市ゆえに、情報はまたたく間に拡散したはずだ。

1945年の日本人は原子爆弾についてどう思っていたのか、インタビュー結果から見ていこう。


【直接話を聞いた】

インタビューのなかに、被爆地にいた人から直接話を聞いたという人の回答が残っていた。直接の体験者の話は説得力が強い。このような人たちの話が全国に広がっていったのだろう。

「原爆投下の後に被爆地にいた軍人から原爆の威力について聞いた。広島は偉大な神州地域なので私は定住しようと思っていた。軍人は、広島は非常に無残で、骨がすべて燃え尽きて遺体は全部灰になっていたと言った。それは想像を超えていた。私はすべての日本人が原爆によって殺されるだろうと思った。軍人は一般人が広島市に入ることを望まなかった。たぶん原爆についての情報を隠したかったのだろう。軍人は、たとえ原爆による影響を受けなくても、その空気を吸うことですべて死ぬだろうと話した。私たちは広島に行けないと話した」（42歳男、山口県萩市、神官）

「原子爆弾はひどいと思っていたが、実際に見てきた人から聞いて恐ろしいものだと思った。70年何もできないということを聞いて、日本も終わりだと思っていた」（48歳男、大阪市、工員）

【恐ろしい、残酷だ、許せない】

原子爆弾への恐怖や憎しみのにじむ回答をみてみよう。

「原子爆弾がどんどん落とされたら、日本の国がなくなってしまうと思った。とてもかなわない、とてもひどい。あんなものを考えた人を恨む」（62歳女、大阪市、主婦）

「新兵器の出現は広島、長崎に落ちるまではわからなかった。実際写真を見てその威力を感じ、大阪や東京はその爆弾で掃滅（そうめつ）されると思った」（38歳男、大阪市、工場勤務）

「大変恐ろしいと思った。ほかの爆弾ならそのところだけだが、原子爆弾だと一里（約4キロ）四方と聞いたから。非人道的だと思った。戦争するならこんな武器を持たないでするほうがいいと思った。困ると思った」（43歳女、大阪市、主婦）

「本当にきつい爆弾、恐ろしい爆弾だと思った。何もかもなくなってしまうから。座っても座ったまま、立っていても立ったまま死んでしまうからきついと思った。道徳的に考えてもあまりにえげつない爆弾だから、いいものではないと思う」（47歳男、大阪市、汲み取り業）

「原子爆弾は光線爆弾と聞いていた。白装なら防げると聞いていたから、白と黒の両方持って歩いていた。ドイツでそれを作っていて、広島に落とされたとき、ドイツが負けたので米国がそれを盗（と）って使用したと思った。卑怯（ひきょう）なやり方だと思った」（33歳女、大阪市、主婦）

「えらい爆弾ができたものだ。人間も何もかもなくなってしまうと聞いた。米国はそんな爆弾を使って勝った。人間の立場からは悪いから使わなかったらよかったのにと思った」（40歳女、

大阪市、主婦）

「その威力と惨害に驚いた。こんなひどい武器を使わなくてもよさそうなものだと思った。もう東京も確実にやられると思った」（35歳女、東京都、主婦）

「こんなすごい武器が現れてはもう日本は全滅だと思った。こんな武器は少し無茶だと思った。科学の進歩はなんでも一歩先だと感じた」（57歳女、東京都、主婦）

「相当に威力のあるものだと思った。原子爆弾は国家がお互いにそれに対する防ぐものがないから、戦争は駄目だと思った」（30歳男、神戸市、徴用工）

「非常に驚いて何も考えることができなかった。あとでくわしいことを聞いて私たちもこれで最後だと思った。米国がますます恐ろしくなったし、科学の発達した国だと感心した。しかしそんな酷いことをするアメリカを憎んだ」（42歳女、神戸市、主婦）

「新聞で読んだだけだが、列車に乗っていた人たちが死んで多くの犠牲者が出たと理解している。恐ろしい兵器だと思った」（56歳男、神戸市、警察官）

「戦争に毒ガスを使用してはいけないということになっているから、あんなものを作って人間を酷い目に遭わせてはいけないと思った」（28歳女、京都市、主婦）

「原子爆弾はとても威力のあるものだと思った。そんなものが敵にある以上は、とても戦争に勝てないと思った」（35歳男、京都市、会社員）

「威力にびっくりした。将来は原子爆弾によって戦争は起こらないようになると思う。一瞬で人類を滅亡させる。毒ガスと同様で残虐性をもっているから人道上よくないと思う」（43歳男、京都市、工員）

【戦争だからしかたないが……】

原子爆弾は憎むが、戦争だからしかたないという人もいた。核兵器の本当の恐ろしさがまだまだ伝わっていなかっただけに、しかたない反応ではある。

「原子爆弾では助かる見込みはないと聞いていたが、なんとかならんものかと思った。それから原子爆弾の使用は戦争だからしかたがないと思った。それだけ技術が進んでいるのだから止むを得ない」（57歳男、大阪市、工員）

「ものすごい兵器が敵にあるなら手を尽くす術なし。ただただ敗戦のみと感じた。人道を無視したやり方だけれど戦争しているのだから、どうしても勝たなければならぬと思えば、こちらにもあれば使うと思った」（58歳男、大阪市、配給所員）

「戦争だからしょうがない。終戦を早からしめたので、それを使われたことについても一句も言えない。戦争だから人道的も何もない。早く戦争を終わらしめて平和につく端緒をつけてくれたものだ」（53歳男、大阪市、事務員）

「日本でもあんなものが早く発明されていればよいのにと思った。原子爆弾によって日本は負けると思った。毒ガス同然のものだから非人道的だとは思うが、戦争そのものが非人道的なのだからどんなものを使われてもしかたがないと思った」（25歳女、東京都、主婦）

「光に触れると死ぬと聞きました。日本での発明があったと噂に聞いていましたので、なぜ早く使わなかったのかと思いました。戦争は勝つことが目的ですから、使われるのはしかたないと思いました」（35歳女、東京都、銀行電話係）

「怖い爆弾を製造したものだと思った。それを使用しても特に悪いとは思わなかった。戦争だ

から勝つためにはどんな爆弾を使っても当然だと思っていた」（44歳男、京都市、工員）

【自分の街に投下されたら……】

原子爆弾の威力や残忍性が伝われば伝わるほど、「次は自分の住む街に落とされるのではないか」という恐怖を呼んだ。特に激しい空襲を何回もくり返し受けた大阪と東京の市民の思いは切実だった。

「恐ろしいものを発明したと思った。もし大阪の中央に落ちたら大阪は全滅するだろうと思った。残酷だと同時に思った」（44歳男、大阪市、造兵廠工員）

「恐ろしいものを持ってこられたなと思い、大阪もやられたら生命はないと思った。こっちへあんなものを持ってこられる前に、なぜ飛行機で米国へ乗り込まないのかと思った」（51歳女、大阪市、軍需工場工員）

「原子爆弾は威力の強いもので、広島の次は東京、それから大阪に落とすのだと聞いた。そのときは、米国は負けだしたら残酷なことをすると思った」（22歳女、大阪市、販売員）

「原子爆弾は威力があって人類を死滅に導くから、大阪に落とされたら大変だと思った」（26歳女、大阪市、農業）

「一里四方が灰になったと聞いて驚いた。東京がやられないうちに講和になればよいと願っていた。日本の上の人たちは、こんなことが起こっても日本は最後の勝利を目指すなどと言っていたので、腹が立った」（35歳女、東京都、主婦）

「原子爆弾はその威力、被害程度などじつに想像もできないほどだった。原子爆弾は東京には来ないと思った。すでに荒廃（こうはい）に帰した東京には、これ以上来る必要はないと安心した」（45歳男、東京都、団体職員）

「本当に驚いた。もちろん東京もやられるものと覚悟を決めていた。日本もなぜ早くあんな新武器ができなかったのだろうかと残念に思った」（35歳女、東京都、領事館勤務）

「恐怖に襲われた。東京もやられると覚悟した。こうなったら東京に来ない前に平和を望んだ。米国の武器の進歩は偉いものだと思った」（18歳男、東京都、工員）

「東京の残ったところもあれでやられると思った。九州からだんだんと大都市のほうへ来るのだろうと思った。自分たち親子も原子爆弾で死ぬだろうから、あのようなものを使用するのはひどいと思った」（34歳女、東京都、軍需工場工員）

【威力がよくわからなかった】

口コミで広まる話を信じない人もいたようだ。本当に威力のある爆弾なのか、残虐なものなのか、なかなか判断のつかない人がいたこともわかる。

「終戦になってから発表があって被害を知った。当時は実情が発表されなかった。恐怖心はあったが、その威力の程度は全然わからなかった」（49歳男、大阪市、会社員）

「何も知らされなかったので、相当な威力を持ったものだがそんなに恐ろしいものでないと思った。当局の発表があまりにデタラメで何も知らなかった。自分らの上に落とされずによくすんだものだと思う。軍事的にはいままでになかった非常に強力な武器であり、その使用法によってはあらゆる生物を死滅せしめるので、道徳的には非常に悪いと思う」（18歳男、大阪市、工員）

「原子爆弾の実際の威力は報道されなかった。終戦後に実際に見てその威力に驚きました。原子爆弾の使用は人類の破滅だと思う」（39歳男、大阪市、事務員）

2 警察官と教師、戦時下の心情

12月5日 和歌山市

7月10日、市街地の半分が焼けた和歌山空襲

敗戦からまだ4ヵ月もたたない1945年12月5日。

米国戦略爆撃調査団は和歌山市の元警察官と元教師にインタビューしている。全国3500人の一般市民インタビューの一つである。しかし、警察官と教師という一般人とは少し違った立場の市民の発言として注目したい。

両者ともに、職務上の立場から「ここまで話していいのだろうか」と揺れ動き、「これだけは言っておきたい」と戸惑いながらインタビューに答えているのがわかる。

どんな思いで戦時中を過ごし、敗戦をどう受け止めたのか。その生々しい証言を紹介しよう。

証言のなかに出てくる7月10日未明の和歌山空襲について、あらかじめ説明しておこう。

〈作戦任務報告書〉(Tactical Mission Report) 259号によると、B29爆撃機108機が来襲し、約2時間にわたる空爆で焼夷弾800トンを投下した。

搭乗員は「市街地は高さ2万フィート（6000メートル）まで黒煙が上がる激しい火災が起こり、大爆発が確認された。目標地域上空では火災による激しい乱気流に遭遇した」と報告している。

上空には雲がほとんどなく、すべて目視で投下されており、計画どおりの投弾になった。

図版４－４　和歌山空爆後に米軍が撮影した写真。白くなっている地域が焼失した。上から左下方へ流れるのが紀ノ川。〈空襲損害評価報告書〉145 号より

〈空襲損害評価報告書〉（Damage Assessment Report）１４５号で米軍が認定した破壊率がわかる。

市街地は53％、工業地は48％で、和歌山市

全体では52％に達した。市街地の5割以上が焼失し、和歌山市は壊滅した（図版4－4）。
和歌山市などの記録によると1100人が犠牲（ぎせい）になり、2万7000戸が全焼した。

元警察官「私の犠牲は役に立たなかった」

25歳男性。戦時中は和歌山市内の警察署に勤務していた。自宅は7月10日未明の和歌山空襲で焼失した。終戦時に退職している。

【警察官の職務】

すでに退職しているとはいえ、真正面から警察を批判するのはさすがに憚（はばか）られたようだ。しかし、随所に自らの職務に悩みながら仕事をしていた様子がうかがえる。

「空襲があると、すべてを放り出して警察署に戻らなければならなかった。そして指示を待った。空襲が増えたときは仕事をしたくないと感じることがときどきあった。平和な日々が戻ればと願ったり、もし平和だったらと考えるようなことをしてはいけなかった」

「警察は人々の自由を制限すると感じていた。しかし警察官はそれが仕事だから、しなければならなかった。たとえば警察は人々が発言する自由を許さなかった。警察は発言の自由について何もすることができなかった。上の人たちが私たちを指図したからだ。さまざまな分野で上層階級と下層階級の隔(へだ)たりが大きくなっていった。下層階級の人たちは何も言わなくなり、命令にしたがうだけになった」

「政府は各家庭に防空壕(ごう)の設置を強制した。しかし、必要な資材がないことを認めなかった。私は警察官だから、防空壕をチェックして整備を強(し)いることが役目だった。資材不足で防空壕がない家庭に出くわすといつも、政府が何かしてやっていたら整備できるのにと思った。資材がないのに防空壕をつくるのは不可能だとわかっていたので、それを強要することで惨(みじ)めな気持ちになった」

【戦況と敗戦】

戦局の悪化を冷静な目で見ていたことがわかる。一方で、軍部や政府への不信感は相当強かったようだ。ただ職務上、口に出せなかったのだろう。

「日米戦がはじまった頃、もしサイパンを失えば戦争に負けるだろうと思っていた。硫黄島(いおうとう)と沖縄が陥落して、私の勝利への信念はなくなった。軍部は敵を引きつけて大打撃を与えると言ったが、信じることはできなかった」

「政府にはどんな困難を乗り越えても戦争を遂行してほしかった。指導者は責任から逃れようとしていた。指導者は国民の幸せのために自らが犠牲になりたくなかった。街頭でそのような話を聞いたとき、私も同じように感じていたため止めることはできなかった」

「玉音放送で敗戦を知ったが、降伏したというニュースを少し疑った。失望したが、これがよりよい方法なのではないかと考え直した。戦争をつづけることは無益だったからだ。ついに期待していたことがやってきたと感じた」

【空襲による被災】

和歌山空襲で自宅が被災したが、市民の避難にあたったため、自宅が燃え出しても何もできなかった。敗戦を知って憤りを感じたようだ。

「7月9日（10日未明）の空襲で自宅を失った。空襲は深夜にはじまり翌朝までつづいた。空襲警報が出ると警察官の半数は警察署に駆けつけなければならなかったが、その夜は行く必要がなかった。午後10時頃連絡があり、職務のために警察署に出ることになった。私が家を出たとき空襲がはじまり、自宅が燃えはじめるのが見えた。消火を手伝ったが、消すことは不可能だったので立って見ているしかなかった。家財を持ち出す時間はあったが、私は警察官なので自分勝手なことはできなかった。人々を避難させた」

「（自宅や財産の焼失は）戦争に勝つためには受け入れるべきことの一つだと考えていた。いまは、私の犠牲は役に立たなかったと知り、怒りを感じている」

【敗戦後の日本】

警察官としての立場を離れても、日本と日本人が根底から変わってしまうことには強い抵抗があったのだろう。

「日本人にとっては、いままでのような国家政策を維持（いじ）することがよいと思っている。民主主義がどんなものなのか、よくわからない。新聞でそれは大きな意義を持っていると読んだ。しかし私にはぼんやりとしている」

「現在まで日本の教育は天皇陛下が中心だった。だからもし陛下がその立場を追われるようなことがあれば、日本人の結束は崩壊すると思う。日本人は暴走するだろう」

元教師「あまりに軍人が横暴だった」

34歳男性。戦時中は国民学校高等科の教師だったが、1945年4月に退職した。その後は農業に従事した。

【教師の職務】

戦争末期は勤労動員で、授業どころではなかったと明言している。

「空襲や何かで授業を休んだことがある。勤労奉仕のために学課を休むこともあった。体位向上のために、勉強などはどうでもよいということになった」

「高等科の生徒は特に勤労奉仕が多く、1日2時間は授業時間が割(さ)かれた。くたびれて嫌な日もあった。勤労奉仕の多い翌日などは疲れて授業が嫌だった。そんなことはたびたびあった」

【日本の強みと天皇】

大和魂(やまとだましい)と天皇への忠誠心を力説している。子供たちへの教育がどのようなものであったか、容易に想像できよう。

図版4－5　1945年末に米軍が和歌山市内でおこなった一般市民への聞き取り。〈米国戦略爆撃調査団文書〉より

「（日本の強みは）大昔から大和魂といいます。精神的です。これがあれば必ず勝つといわれ、それが第一番の強みと思う。武士道精神です。死ぬことです。武士道精神とは『死なり』ということです。万世一系の天皇陛下を戴いているから絶対に負けたことがないという信念が強みだと思う」

「（天皇への）気持ちは絶対的ですね。よいとか悪いという気持ちは起こらないです。神のようなものです。現在ではお気の毒だと思っている。いままでは天皇陛下の言葉どおりにできたが、いまではマッカーサーの命令にしたがわなければならないようになったのも気の毒に存じます」

【戦況と敗戦】

戦況を冷静に分析していたことがわかる。それでも敗戦をただちに信じられなかったというあたりが、客観的な判断ができなくなっていたことを証明している。

「昭和18年のガダルカナルの退去撤退後、うかうかしていると日本は負けないかと心配していた。サイパン島の玉砕後、負けるとはっきり感ずるようになった。沖縄の補給がつづかんということを聞いて、どうもいかんと思った」

「(敗戦を伝える) ラジオを聞いて、人から聞いて、本当だと思わなかった。負けたら日本の国はどうなるのかと思った。負けたらなくなるのではないかと思った。日本民族が滅亡してしまうと思った」

【戦時中の指導者】

軍部への不満は相当大きかったらしい。

「あまりに軍人が横暴だった。(高射砲の) 陣地を構築する場合、地主の許しを得ず自分勝手に構築した。田畑を荒らされた」

【これからの日本】

平和な社会への思いを素直に述べている。なぜ4月に教師を辞めたのか理由は不明だが、根底に平和な時代を願う気持ちがあったのかもしれない。

「日本は武力でなく平和的に世界に貢献せねばいかんと思う。戦争をこの世からなくして、世界中の人が人種を超越して兄弟のようにしていきたい。日本が率先し、人々を殺傷する武器をなくしてしまうことだ」

「これから先は、生活はだんだんしやすくなっていくんではないかと思う。軍事予算がなくなるから……。平和産業が盛んになると品物が多くなってくる気持ちがする」

戦時中の思いがわかる貴重な資料

1988年から毎年、戦争体験者の証言集『孫たちへの証言』を出版している新風書房（大阪市）の福山琢磨さんはこう語る。

「警察官が『平和を考えてはいけなかった』とか教員が『武器を捨てて平和を』と語っているなど興味深い。だがこのインタビューが米軍に呼び出されたものであれば、戦犯との関連もあり、また言葉の問題もあるので、どう書き取っているのかなど、どこまで本音の発言か疑問を感じる」

福山さんが指摘するように、米軍の聞き取りなのでどこまで本音が出ているかという疑問は残る。特に元警察官や元教師は戦犯として責任を追及される可能性があり、大変な緊張と警戒心でインタビューに臨んだにちがいない。

ただ、2人の回答を見るかぎり、米軍に迎合したような発言ばかりとは思えない。この聞き取りに際して米軍は、日本語の流暢な日系人兵士か、英語能力の高い日本人をインタビュアーにしている。

また、インタビュー結果は戦略爆撃の効果を検証する素材にすることが目的で、米軍のプロパガンダに利用しようというものではない。検証した結果は将来の米軍の軍事戦略にも影響してくるため、インタビューに歪みが生じないよう、威圧感を与えたり、誘導尋問するようなことは厳禁されていた。

敗戦からまだ3〜4ヵ月しかたっておらず、勘違いなどが入り込む可能性は低い。戦後、時間が経過してからのインタビューで問題になるのは、さまざまな情報を読んだり聞いたりしているうちに、戦時中は考えていなかったり感じていなかったりしたことが頭の中に刷り込まれてしまうことだ。

警察官や教師という特別な立場だった人たちが、どのように戦争と向き合っていたのかを知るには、きわめて貴重な資料であることは間違いない。

3　B29、太平洋戦争最後の作戦　8〜9月

爆弾から救援物資に積み替えたB29

日本がポツダム宣言受諾を表明した1945年8月15日、マリアナ基地のB29爆撃機は新たな任務を与えられた。

捕虜（ほりょ）として日本本土に収容されていた連合国軍兵士への緊急援助だった。食糧や医薬品の欠乏で多くの捕虜が瀕死（ひんし）状態にあると報告されていただけに急を要した。

捕虜への補給作戦は、マッカーサー連合国軍総司令部最高司令官が神奈川県の厚木飛行場に降り立つ3日前の8月27日にはじまった。

「多くの捕虜が貧しい食糧配給や病気、虐待が原因で緊急援助を求めている。収容所への迅速（じんそく）で的確な補給が多くの命を助ける」として、マリアナに待機していたB29部隊に空輸命令が下った。

ほんの数週間前までは、焼夷弾や爆弾を満載して目標都市を目指したB29は、食糧や衣服、医薬品などが詰め込まれたドラム缶を目いっぱい積み込んで各基地を飛び立った。

米軍は、日本本土の捕虜収容所への緊急援助物資空輸について〈捕虜補給作戦報告〉（Report on POW Supply Mission）にまとめている。米国戦略爆撃調査団文書に含まれている作戦報告の記述から「焼夷弾も爆弾も積まないB29」の太平洋戦争最後の作戦を追ってみよう。

連合国軍捕虜を救え

北海道から九州までの日本本土には敗戦時、91ヵ所の捕虜収容所と21ヵ所の民間人抑留所があった（図版4－6）。加えて、朝鮮半島や台湾（たいわん）、中国本土、満州（まんしゅう）（現中国東北部）の収容所も空輸の対象になった。

収容者は6万9000人と推定され、8月27日～9月20日の約1ヵ月間に4470トンの補給物資が計158ヵ所に投下された。

収容所の位置や収容者数の把握は、困難を極めた。

敗戦までの半年間は、日本本土への空爆が激しさを増していた。空襲の被害を避けるために、都市部の収容所の多くが短期間に地方に移転していた。

さらに敗戦直後に軍部は、連合国軍捕虜に関係する書類を徹底的に焼却してしまった。戦犯問題を追及されれば、真っ先に捕虜の扱いが問題視されるのは目に見えていた。関係者の口はことのほか重かった。

収容所を確定できないままの見切り発車となってしまった。閉鎖された無人の収容所に投下し

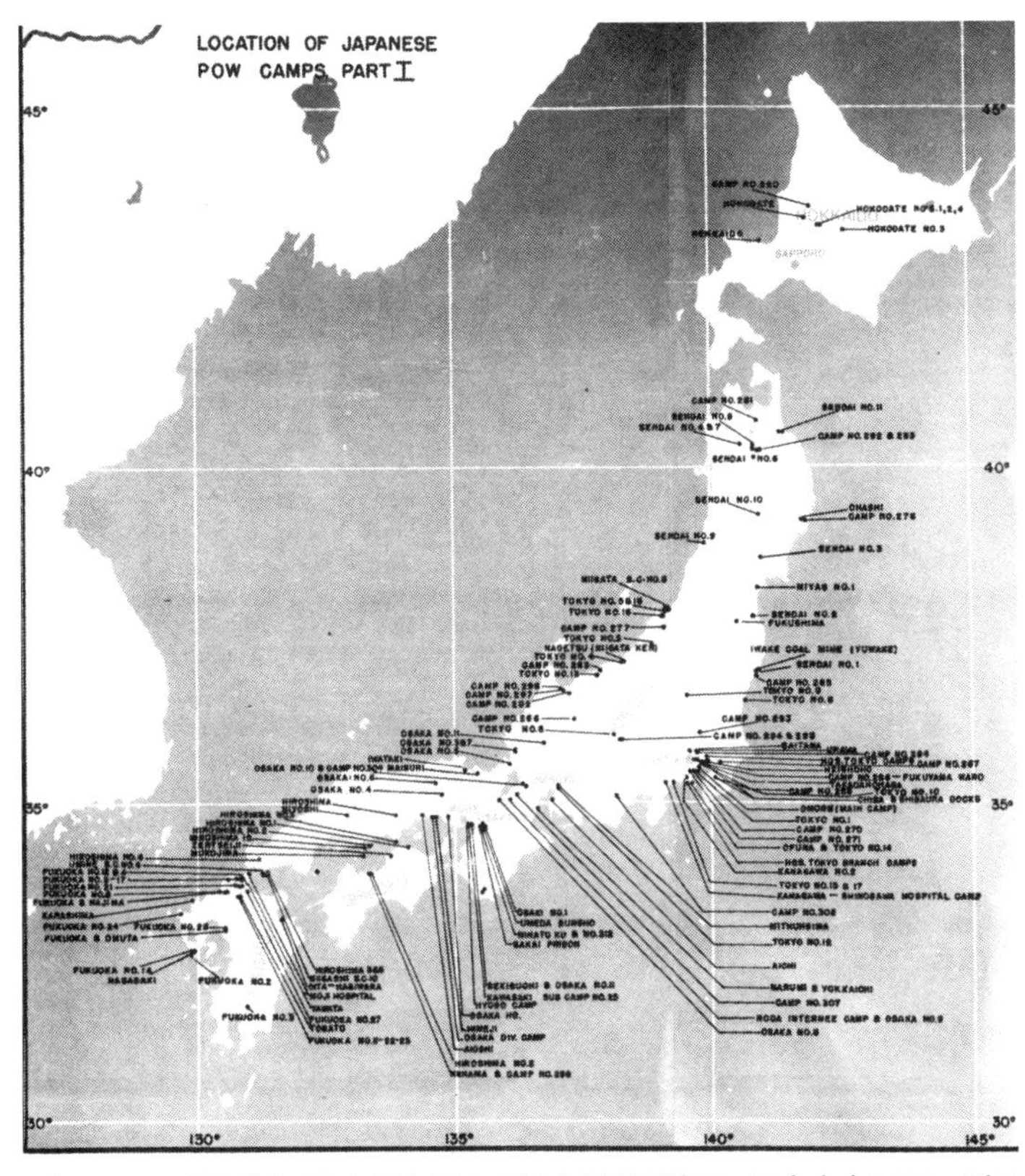

図版４－６　米軍が作成した日本国内の捕虜収容所地図。日本本土に91ヵ所の捕虜収容所と21ヵ所の民間人抑留所があったとされているが、確かな場所や収容者数は不明のままだった。〈捕虜補給作戦報告〉より

たり、収容者の数に物資量がまったく見合わなかったりするケースが相次いだ。

連合国軍兵士の捕虜について調査研究する「ＰＯＷ（戦争捕虜）研究会」事務局長の笹本妙子さんは「日本側の資料はほとんど残っておらず、米国の公文書館で資料を探して調査を進めてきました」と話す。

終戦時の捕虜たちは「生ける骸骨」だったという。「次の冬はとても越せないというひどい状況だったからこそ、ただちに救援作戦が必要とされました」と笹本さんは指摘する。

物資の投下にともなう悲劇も起こった。

パラシュートが開かないままドラム缶が落下して屋根を突き抜け、捕虜が亡くなる事故が発生した。風で流されたドラム缶が付近の民家を直撃し、日本人も犠牲になっている（図版４－７）。

一般市民から隔離され、軍部が書類を処分したこともあって、日本国内の連合国軍捕虜については ほとんど知られていない。

「ＰＯＷ研究会」が調査していくなかで、補給物資で元気を取り戻した捕虜が近くに住む日本人と食べ物を物々交換したり、中国人の収容所を解放して物資を分けてあげたりしたことがあったという。

敗戦直後、Ｂ29が編隊で上空を飛んでいくのを多くの日本人が目撃している。「焼夷弾も爆弾も落とさないＢ29」を見て、あらためて戦争の終結を実感したという人は多い。

しかし、Ｂ29はまだまだ役目を終えていなかった。

捕虜に食事を与えた日本人

戦時中の一般市民にとって、連合国軍の捕虜は「決して関わってはいけない存在」だった。連行されていく捕虜を見て「おかわいそうに」と言ったばかりに、憲兵隊から激しい尋問を受けた一般市民がいた。

そんななかで、戦時中から敗戦直後にかけて捕虜と交流を持ったという家族を見つけた。九州・筑豊(ちくほう)炭田の連合国軍捕虜と交流があった女性の貴重な証言をもとに、ベールに包まれた捕虜への補給作戦を探る。

敗戦から数週間がたっていた。

「B29が赤や青や黄色のパラシュートで、次々と物資を投下していきました。友だちと『きれいね』と言いながら見ていました」

当時、国民学校4年だった船津訓子さん（兵庫県丹波(たんば)市在住）は、筑豊炭田で栄えた福岡県水(み)巻(ずまき)町で目(ま)の当たりにした光景を振り返った。連合国軍捕虜への緊急援助物資の投下だった。

日本人はおそるおそる遠巻きに物資の投下を見ていたが、船津さんはどのような物資が投下されているのか知っていた。

ピーナツバター、ハーシーのチョコレート、ココア、砂糖、小麦粉……。

図版4－7　パラシュートによる援助物資の投下を上空から撮影。パラシュートが開かずに屋根を直撃して死者が出たり、周辺の日本人民家に落ちてけが人がでるなどのトラブルも多かった。〈捕虜補給作戦報告〉より

「こんなおいしいものを食べている国に勝てるわけがないって思いました」

船津さんの父、兵次郎さんは戦時中、福岡俘虜（ふりょ）収容所第6分所で警備員をしていた。福岡俘虜収容所第6分所は、筑豊炭田の日炭高松炭鉱で働かされた連合国軍捕虜を収容した。

連合国軍捕虜について調査している「POW研究会」によると、敗戦時には1062人が収容されていた大規模な収容所で、国籍もオランダ764人、アメリカ138人、イギリス117人とさまざまだった。収容期間中に74人が死亡し、脱走事件も発生し

ている。

遠賀川の堤防へウサギのえさを採りにいくのが捕虜の日課で、日本兵と2人で捕虜を監視するのが兵次郎さんの役目だった。

兵次郎さんはある一人の日本兵と組んだときには必ず、捕虜をひそかに自宅に連れてきて食事を与えた。文具店だった自宅の店先に日本兵が座り、兵次郎さんは捕虜を裏側に連れていって食べさせていた。

オランダの兵士もイギリスの兵士もいた。そばには近寄れなかったものの、いつもそんな光景を見ていた船津さんは「1週間に1度ぐらいのペースでした。みんな痩せていました」と言う。

もし見つかれば厳しく処罰されたにちがいない。兵次郎さんは、天秤棒で排泄物を運ばされる捕虜について「かわいそうなことをさせる」と話したことはあったが、食事を与えることについて語ることはなかった。

兵次郎さんがなぜそこまで危険を犯したのかは、謎のままだ。戦前はバスやトラックの運転手をしていて、外国や外国人と接点があったわけではない。あえていえば、船津さんの母親が中国・大連生まれで、外国人と接する機会があったことぐらいだった。

船津さんの記憶のなかの兵次郎さんは「家族には厳しいが、他人には親切だった」という。

オランダ兵のパンとチョコ

１９４５年９月初めに物資の投下がはじまると、兵次郎さんが食事を与えていたオランダ兵の３人兄弟が突然訪ねてきた。パン職人だったオランダ兵は、投下物資の小麦粉で焼いたパンやチョコレートを持ってきた。

２階で車座になってみんなで食べたという。

「やかんにチョコレートや砂糖を入れて沸かして食べました。あんなおいしいもの、初めてでした」

「真っ白のパンにチョコレートを刻んで入れて食べるんです。もうおいしくて、おいしくて」

元ボクサーのイギリス兵も来た。「赤ん坊にあげてくれ」と大きな粉ミルク缶を抱えていた。チーズもくれたが「これはせっけんだろうか」と口にすることはなかった。

パラシュートの布も持ってきてくれたので、子供たちの洋服になった。

収容所から引き揚げる際には「これからが大変だ。食料と交換するといい」と言って、シャツや軍用コート、毛布から靴まで置いていった。コートを仕立て直して冬用のオーバーにするなど、とても重宝したという。

船津さんは、空襲を受けた福岡市や八幡市（現北九州市）が、真っ赤に燃え上がっていたのをいまでも覚えている。松根油を採りに入った山の中で、艦載機の機銃掃射に遭遇したこともあっ

図版4－8　捕虜収容所の屋根に「PW」と大書して目印にした。〈捕虜補給作戦報告〉より

た。

いくら丸腰とはいえ、敵兵は怖くなかったのだろうか。

「怖いと思ったことは一度もありませんでした」ときっぱり答えてくれた。

連合国軍捕虜について、日本国内にはほとんど記録が残っていない。船津さんの体験は、捕虜と市民のあいだに実際に交流があったことを伝える貴重な証言だ。

1ヵ月に4500トンの物資を投下

米軍がまとめた〈捕虜補給作戦報告〉からは、そのドタバタぶりがうかがえる。

捕虜が全員解放されるまでには1ヵ月かかるとみられた。衰弱（すいじゃく）している捕虜に対して、1ヵ月間に食料や衣服、医薬品が約４５００トン必要だった。

米本土から物資を輸送する時間的な余裕はなく、すべてマリアナ諸島での調達を迫られた。日本本土上陸作戦に備えてサイパンで確保していた食料や医薬品が急遽（きゅうきょ）、充（あ）てられた。

貨物用のパラシュートも不足していた。マリアナには1万枚しかなく、5万枚以上をフィリピンから緊急輸送した。

肝心（かんじん）の収容所のリストは、8月27日にようやく「イエローリスト」と呼ばれるものが日本側から出てきた。米海軍にはそれまでに、「太平洋艦隊司令長官紀要」として収容所位置と収容人数をリストアップした「ブラックリスト」があったが、不完全だった。

しかしイエローリストも不十分で、ブラックリストと照合し修正しても、50以上の収容所が確認できなかった。

結局、60機のB29が、2日がかりで全国を確認して回った。それでも1割は特定できなかった。不明の収容所を確認しながら、物資の投下がつづいた。

あとがき

平和・戦争取材に取り組むなかで、太平洋戦争の米軍資料と出会ったのは20年以上も前のことだった。

ある空襲の記事を執筆する際、役所が発刊した戦災復興誌のデータをもとに「来襲したB29は90機」と書いた。その記事を見たある研究者から、こんなショッキングな事実を指摘された。

「その戦災復興誌のデータは大本営発表の数字をそのまま使っています。本当に来襲したのはその3倍でした。自治体史には戦時中の新聞の数字や大本営発表の内容をそのまま使っているものがあるから、注意したほうがいいですよ」

ある研究者とは、関西大学名誉教授の小山仁示(こやまひとし)さん（2012年に逝去）だった。

小山さんからは米軍資料に当たることの大切さを教えていただいた。

日本軍部も日本政府も自治体も、敗戦直後に公文書を徹底的に焼いてしまった。敵だった国の文書でなければ、自分の国の最も残酷な時代の真相が見えてこない。情けないことだが、それが現実だった。

米軍の資料は米本国の資料館や公文書館でなければ閲覧できないだろうと勝手に思っていた。米国に通い詰めることはできない。

そんなとき、国会図書館で米国戦略爆撃調査団の文書を閲覧できることを教えてくださったのが、第3章「故郷が燃えた日」の富山空襲の項で紹介した中山伊佐男さんだった。

中山さんは、国会図書館に通って米軍資料を調べ、母親と妹が亡くなった富山空襲の真相を解明した方だ。

「戦略爆撃調査団文書を本格的に調べている人は日本にはほとんどいません。宝の山ですよ」と話してくださり、米軍資料の読み解き方を丁寧に指導していただいた。

「日本で宝の山の米軍資料を見ることができる」

喜んではみたものの、大阪在勤だった私は、頻繁に東京都千代田区の国会図書館に通うことはできなかった。

1週間～10日間というまとまった東京出張の時間がとれるのは年に1～2回程度。夏の休暇を使って国会図書館にこもって、ひたすらマイクロフィルムを回しつづけたこともあった。あれもこれもとコピーを依頼すると相当な金額になってしまううえ、自宅に届くまでにしばらく時間がかかった。

国会図書館への物理的な距離以上に悩まされたのは、資料の検索だった。はっきりいって、ほとんど整理されないままの状態で収録されている。ファイル数だけで1万件以上、文書数でいえば数十万枚におよぶ。

各ファイルにはいちおう名称らしきものがついているが、一部を除いて内容と直結するような名称になっていない。極端な話をすれば、ファイルを一つずつ開けて、1枚ずつ文書を見ていかなければ何があるのかわからないという整理のされ方だ。

1週間マイクロフィルムと格闘して、ようやくどこにどのようなものがあるのか見当がついただけということが何回もあった。もちろん自分の英語力のなさもあるのだが、帰りの新幹線で「この1週間はいったい何だったのか」とむなしさを感じたものだ。

現在では、国会図書館所蔵の資料は一部がデジタル化され、インターネットでいつでもどこででも調べることができるようになった。隔世の感がある。

戦争体験者から直接話を聞くことが年ごとに難しくなっているだけに、米軍資料を糸口に太平洋戦争の真相に近づくことの重要性はますます高くなっている。

地上で悲惨な体験をした被災者の証言と、上空から焼夷弾や爆弾を投下した米軍の記録を嚙み合わせていくことで、いままで見えなかった真相が見えてくるにちがいない。「地上の目」と「上空の目」で、バランスよく取材し調べることが求められている。そうして得られたものを次の世代に継承していくことが、私たちの世代の大切な役割だと信じている。

最後になりましたが、米軍資料で戦争を解明することの重要性を理解し出版に踏み切ってくださったさくら舎の古屋信吾さんと松浦早苗さん、本書の校閲に尽力いただいた中村紀子さん、出版化への扉を開いてくださったNPO法人「企画のたまご屋さん」の長嶺超輝さんに心より深くお礼を申し上げます。

松本泉（まつもといずみ）

本書は2017年4月〜19年2月に、毎日新聞（大阪本社版）で月1回連載した「発掘　戦禍の証し」をベースに、全面的に書き直し、分量にして約5倍に加筆をしたものです。